CW01665072

Un petit [illegible]

pour célébrer la Nature

les forêts et nos arbres.

En toute amitiés.

[illegible]

CE QUE LES ARBRES NOUS MURMURENT !

www. gesteditions.com

Jean-Claude Nouard

CE QUE LES ARBRES NOUS MURMURENT !

LES PETITES NATURES

Métive

SOMMAIRE

PRÉFACE

Montpellier, 5 novembre 2019

Jean-Claude Nouard me demande de préfacer son livre *Péril en nos forêts** et, bien entendu, je lui suis reconnaissant d'avoir formulé cette demande.

Tout d'abord je tiens à manifester mon intense satisfaction devant la définition que Jean-Claude Nouard donne de la forêt : « un écosystème complexe qui favorise la biodiversité et associe le végétal, le minéral et l'animal ». Par contre, s'il s'agit de « reboisements réalisés majoritairement en monoculture résineuse, exécutés selon

* Le titre initial et provisoire de *Péril en nos Forêts* a depuis évolué pour devenir *Ce que les arbres nous murmurent* !

les normes de l'agriculture intensive, avec des traitements à base de pesticides et de débroussaillants dans le seul but d'éliminer toute concurrence, et qui sont exploités prématurément tous les trente ou quarante ans sans se soucier de leur pérennité », il refuse le terme de forêt ; il y voit des « cultures d'arbres dont l'unique finalité est la production de bois pour l'industrie. »

Tous les écologues, tous les biologistes et une proportion croissante du grand public seront d'accord avec la définition que l'auteur donne de la forêt ; pour ma part, je partage son admiration pour la vraie forêt et la « découverte émerveillée de ce milieu naturel et sauvage » est une démarche qui m'est familière.

Que le but d'un forestier soit, comme le dit l'auteur, « d'assurer la transmission de la forêt, ce magnifique patrimoine national et culturel, aux générations futures, en gardant présentes à l'esprit les valeurs du service public et de l'intérêt général », est un point de vue auquel j'adhère complètement et je sais gré à l'auteur de l'avoir formulé avec autant de clarté et de force.

Je partage les inquiétudes de Jean-Claude Nouard lorsqu'il constate les menaces qui pèsent actuellement sur l'éthique du métier de forestier, mettant en péril ce métier lui-même. Les responsables sont ceux de l'administration forestière lorsqu'ils perdent de vue les vertus du long terme et de l'intérêt général, mais aussi les entreprises spécialisées dans le reboisement qui sont à l'origine de l'utilisation d'engins lourds et d'abatteuses géantes, de coupes à blanc suivies de plantations industrielles de résineux, de mises en place de boisements artificiels dont l'objectif est uniquement la production de bois. Sur le plan écologique, l'enrésinement de nos forêts est une absurdité.

Ces dérapages sont suscités par le contexte actuel de libéralisme économique et d'abandon des perspectives à long terme :

aucune forêt n'est capable d'y résister ; quant aux forestiers eux-mêmes, à qui l'on demande de trahir leur propre métier, cela revient souvent à les contraindre au suicide. Je remercie l'auteur d'avoir fait l'éloge du film *Le temps des forêts* de François-Xavier Drouet (2018), où les dérapages indiqués ici et leurs dramatiques conséquences humaines sont clairement présentés. Merci également à l'auteur de son jugement sévère sur la centrale de Gardanne, une absurdité écologique qui semble surgie de l'enfer industriel du XIXe siècle.

On le voit, je suis en plein accord avec Jean-Claude Nouard sur sa vision du métier de forestier et sur l'avenir très sombre actuellement réservé à cette noble et prestigieuse activité.

Je recommande chaleureusement la lecture de ce livre *Péril en nos forêts***, pour

---

** Le titre initial et provisoire de *Péril en nos forêts* a depuis évolué pour devenir *Ce que les arbres nous murmurent* !

ses témoignages essentiels sur la valeur irremplaçable de nos forêts d'Europe et sur l'absolue nécessité d'en confier la responsabilité à de véritables forestiers et non pas à des coupeurs de bois davantage intéressés par le profit rapide que par l'avenir du patrimoine forestier à long terme.

Francis Hallé
Botaniste
Dendrologue

« DANS L'ESPÉRANCE
DE LA VIE D'UN HOMME,
LA NATURE EST LA MESURE
DE SA CONSCIENCE
ET DE SA SENSIBILITÉ »

P. RESTANY

PARTIE
1

AVANT-PROPOS

AVANT-PROPOS

L'écriture de mon précèdent ouvrage, *Forestier de l'État, une vocation !*, a puisé toute la substantifique moelle de son analyse dans le constat plutôt amer selon lequel nos forêts et de fait celles de notre région du sud-ouest sont de plus en plus administrées comme de vulgaires usines à produire du bois. Phénomène dont la tendance se généralise à l'ensemble de notre territoire.

Une politique forestière dont le mode de gestion et d'exploitation a été inspiré et copié sur le modèle de l'agriculture intensive dans ce qu'il a de plus négatif. Il a dû s'adapter à la spécificité de la filière bois ainsi qu'à ses exigences et à ses nécessités afin de répondre à un modèle économique libéral. Un projet pourtant bien peu soucieux de l'environnement et encore moins de la pérennité de nos peuplements forestiers.

Ces mêmes forêts que certains leaders politiques, responsables d'administrations centrales ou locales, professionnels du tourisme ou simples investisseurs, observent et convoitent comme de vulgaires espaces naturels vacants, avec l'arrière-pensée souvent inavouée, mais très présente, qu'ils pourraient être utilisés à bon escient et valorisés à des fins plus lucratives !

Une situation antinomique avec les valeurs portées par ce métier de forestier que j'ai exercé durant plus de quarante ans par vocation et dans le respect de mes convictions, le seul but étant d'assurer la transmission de ce magnifique patrimoine national et culturel aux générations futures, dans l'esprit des valeurs du service public et de l'intérêt général, en hommage aux générations de forestiers qui m'ont précédé !

Cette activité professionnelle fut lourde d'engagements mais surtout extrêmement consommatrice en termes de temps et d'énergie. C'est pourquoi j'ai très vite ressenti, avec le poids des années, le besoin, puis la nécessité, de m'extirper de cet environnement parfois toxique, à défaut de quoi j'avais le sentiment que je risquais d'y perdre mon âme et surtout ma santé. Pour ce faire, je me suis progressivement isolé moralement puis contraint à prendre de la distance physique avec ce milieu que je percevais de plus en plus replié sur lui-même, conservateur et vénal, tout au moins pour ce qui est de sa filière économique.

Ce secteur n'offre que peu de possibilité d'épanouissement et n'accorde aucune place au développement personnel du fait de son objectif uniquement mercantile, de son manque de philanthropie et de son enfermement corporatiste ! Raisons qui expliquent que je sois resté, durant toute ma carrière, esseulé, en marge de cette profession, faute de n'avoir jamais pu véritablement réussir à trouver mes marques.

Aujourd'hui, en toute objectivité mais surtout avec le recul nécessaire, je pense pouvoir affirmer que cet isolement dont je viens de faire état résultait de ma perception ou de ma conception trop environnementaliste de la forêt, en total décalage avec les orientations fixées et les ordres assignés par une hiérarchie soumise. Un désaccord de fond, tant personnel que professionnel et intellectuel.

La nature au sens large du terme et nos forêts en particulier sont des thématiques politiquement correctes, fédératrices et hautement porteuses. Elles sont souvent placées au premier plan des discussions, notamment au moment des échéances électorales. L'environnement est aujourd'hui au centre des préoccupations des citoyens, il est donc de fait devenu un enjeu politique majeur.

Quant au métier de forestier, il est tout autant respecté que méconnu et haï. Respecté, car très apprécié au regard du prestige que pouvait avoir l'administration des Eaux et Forêts ; méconnu du grand public car il est une profession qui tend à disparaître de la sphère publique au profit des organismes privés détenteurs d'une toute autre philosophie ; haï dans le sens où les missions qui lui incombent désormais tendent à se focaliser sur les taches régaliennes que sont le contrôle et la police.

Une fois ce constat établi et fort de mon expérience professionnelle, je pense être légitime pour dire que, concernant la gestion de notre environnement et plus précisément celle relative à nos forêts, tout reste malheureusement au niveau des effets d'annonce et des promesses. Les pouvoirs en place n'ayant, semble-t-il, pas pris la mesure de la situation désormais dramatique dans laquelle nous nous trouvons !

Dès lors que l'instruction de ces problèmes cruciaux que sont la gestion de l'espace rural, de l'environnement et de nos massifs forestiers, relèvera localement du seul bon vouloir des élus, eux-mêmes soumis à la pression politique de leurs électeurs, et ce en dehors de toute compétence dans le domaine de l'aménagement du territoire, rien ne pourra fondamentalement changer. Le mode électif dans sa forme actuelle n'est, de mon point de vue, plus conciliable avec la notion d'intérêt général et d'aménagement de nos espaces. La politique est devenue aujourd'hui un métier qui ne repose plus sur aucune conviction.

Cette échappatoire que j'évoquais précédemment, je l'ai progressivement découverte sur les sentiers de mon quotidien, dans la solitude de mon activité et dans ma liberté d'action. Mais aussi et surtout, dans l'observation et la contemplation des milieux naturels, dans les rencontres que j'ai eu l'occasion de faire et au contact de certaines personnes que j'ai croisées.

Durant toute mon activité professionnelle, les circonstances ont fait que j'ai principalement évolué seul, faute de moyens et d'effectifs suffisants, alors que le binôme est fortement conseillé pour des raisons évidentes de sécurité. Cette situation m'a contraint à organiser mon travail avec plus de rigueur et de méthode. Je me suis retrouvé très tôt à devoir faire face à des responsabilités auxquelles je n'avais pas été formé, ni même préparé. Face à cet esseulement, j'ai dû affronter la solitude dans bon nombre de situations, ce qui m'a fait prendre conscience de la réelle signification du mot liberté, dans ses bons, comme dans ses mauvais côtés! Ces deux sentiments que sont la solitude et la liberté, parfois amis souvent ennemis, ont sans aucun doute décuplé mon sens de l'observation et facilité mes rencontres, pour certaines aussi improbables, qu'inopinées.

Ce fut tout d'abord la découverte émerveillée de ce milieu naturel et sauvage, propice à la réflexion, à la méditation et au vagabondage émotionnel, pour qui sait observer et rester humble face à la beauté authentique et ancestrale de nos paysages. Face à cet environnement, je me suis laissé prendre au jeu du croquis et de l'esquisse pour capter l'instant présent d'une situation, voire d'une émotion. Après le dessin, au travers du regard, la couleur s'est invitée, et rapidement le désir de peindre s'est imposé comme une évidence. La sculpture, plus confidentielle dans ma création, est apparue plus tard, de façon fortuite et purement réactionnelle, face à des évènements exceptionnels comme peuvent l'être les tempêtes, les incendies de forêt, les inondations. La frénésie de vouloir donner une seconde vie à des troncs mutilés et façonnés par l'action conjuguée des éléments et des hommes, avec le sentiment d'apporter ainsi ma modeste contribution à la réalisation d'œuvres aussi naturelles, accidentelles, qu'éphémères.

La peinture fut le moyen de revêtir un nouvel habit, de prendre une tout autre identité, avec comme objectif celui de transmettre différemment mes connaissances et de les partager. Une autre façon de transcender la beauté de notre nature, de notre environnement de mon propre point de vue artistique, avec comme thématique la forêt, l'arbre et son écorce. Une source d'inspiration et de création inépuisables à l'écoute de mes sens, basée sur ma capacité d'observation, mon respect et ma bienveillance à l'égard de ce monde dans lequel nous évoluons. Un épanouissement personnel à la hauteur de mes attentes mais surtout de mes exigences.

L'écriture est apparue beaucoup plus tard. Elle s'est imposée comme une seconde évidence en ne me laissant guère d'autre choix.

Au départ, elle a été un exutoire dans des moments de gros doutes et de profondes périodes de désespoir, consécutivement à des évènements graves survenus dans le cadre de mon activité professionnelle. Circonstances dans lesquelles ma hiérarchie, quel que soit son niveau de responsabilité, a été totalement incapable de m'apporter son soutien ou plus simplement son aide, ce qui pourtant relève de ses missions prioritaires. Dans ces moment-là, elle semblait plus préoccupée par son image et sa carrière, que par la défense de son agent et donc, par voie de conséquence, par l'intérêt général de ma mission et par les engagements relevant de l'État. À ce moment précis, l'écriture m'est apparue comme le remède dont j'avais besoin pour ne pas sombrer ! Au départ très intuitive, très spontanée, très crue, voire agressive, elle s'est par la suite structurée et apaisée pour prendre tout son sens. Celui de perpétuer et de transmettre mon expérience en tant que forestier, à travers le témoignage du parcours d'une vie au service de la Nature.

Un éclairage encore à ce jour unique, car écrit de l'intérieur même des entrailles du système.

Ce récit était aussi la chronique d'un métier en voie de perdition, car vidé de son sens, de sa substance, de son contenu et de ce pourquoi il avait été créé : préserver nos massifs forestiers traditionnels en assurant la pérennité des peuplements, au motif qu'ils sont un bien national, raison de l'instauration du code forestier en 1346. Ce n'est qu'en 1349, avec l'ordonnance de Brunoy signée par le roi Philippe VI de Valois que la mission de protection des forêts est clairement identifiée et confiée aux forestiers de l'État ! Ce code forestier maintes fois revisité et actualisé et qui reste encore aujourd'hui la « bible » des forestiers en charge de la police des forêts !

Ce livre *Forestier de l'État, une vocation !*, peut être également perçu et lu comme un essai objectif et argumenté sur le devenir de notre environnement et de nos massifs forestiers, avec force analyses, réflexions, exemples concrets et propositions basées sur le bon sens commun !

Il m'aura, sans aucun doute possible, permis de surmonter des épreuves très lourdes émotionnellement en se substituant à celles et ceux, qui, une fois de plus, auront failli dans leur mission d'assurer la protection de leur agent, comme c'est malheureusement trop souvent le cas dans l'Administration. Beaucoup se prétendent des chefs et ils le sont effectivement à la lecture de leur fiche de salaire. Mais fort peu dans les faits sont des personnes responsables et dignes de ce qualificatif ! La plupart d'entre eux manquent à la fois de charisme, de compétences mais surtout de sentiments humains. Dans ces conditions, que leurs restent-t-il pour s'imposer, sinon l'arrogance et l'autorité ? Une des raisons parmi d'autres, qui pourrait partiellement expliquer le malaise actuel dans la fonction publique et plus largement dans le monde du travail et par extension dans notre société !

Un manque manifeste de reconnaissance et de considération émanant d'une hiérarchique indifférente. Une petite armée de « colonels » et de « chefaillons », complètement déconnectés de leurs troupes et des réalités du terrain, qui donnent le sentiment au regard de leurs actes ou de leurs décisions, d'être plus guidés par leur intérêt personnel que par des motivations d'ordre professionnel ! Et même si parfois ils consentent à reconnaître leur possible responsabilité dans la gestion d'un dossier, jamais ils n'admettront vraiment leur évidente culpabilité !

Un texte que j'avais souhaité vrai et sincère, sans aucune complaisance afin qu'il soit à la hauteur des enjeux environnementaux qu'il défend !

Durant de nombreuses années, j'ai affiché le message ci-dessous du Dalaï-Lama bien en vue au-dessus de mon bureau, il est malheureusement toujours d'actualité !

« Le respect n'est pas de la soumission, la déférence n'est pas servilité ! Quant au maître, il se juge sur ses actes et non sur ses dires ou exigences ! »

PARTIE 2

TRAJECTOIRE PERSONNELLE

TRAJECTOIRE PERSONNELLE

Comme évoqué dans les lignes précédentes, les arts en général et, plus largement, la création ont toujours fait partie de ma vie, même si par moment, ce ne le fut que de façon intermittente.

Enfant déjà, j'avais sur l'environnement un regard bien différent de celui de mes petits copains. J'ai toujours ressenti une soif d'apprendre et, de tout temps, j'ai manifesté une grande curiosité pour ce monde dans lequel je tente avec difficulté d'évoluer.

J'observais beaucoup, j'étais capable, en silence, de rester de longs instants à contempler un paysage ou à observer le ciel, alors que je suis de nature fort peu patiente ! Je me passionnais pour énormément de sujets dont la minéralogie et la préhistoire. Je collectionnais, entre autres choses, les silex taillés et les fossiles, très présents en Périgord. Je confectionnais, sans en avoir conscience, des herbiers. Je photographiais des sujets improbables parmi lesquels des objets insolites comme des fragments de peinture ou de rouille sur des supports divers, des paysages aux quatre saisons de l'année, des animaux dans leurs lieux de vie, etc. Je m'aperçois aujourd'hui que j'ai toujours été obnubilé par cette idée du temps qui passe et par la notion de traces!

Au fil des années, j'ai appris à me canaliser, à me structurer, à me raisonner tant mes passions et mes centres d'intérêts étaient nombreux. J'en ai volontairement limité l'importance, tout en prenant garde de conserver intacte ma curiosité naturelle. C'était essentiel pour moi, tant je m'étais aperçu qu'elle entretenait le rapport à l'autre et pouvait rapprocher les individus en créant un lien social autour de passions communes.

Dans ce choix drastique qu'il m'a fallu opérer, j'ai, entre autres choses, conservé la pratique de la peinture. Une passion spontanée, que je pratique en autodidacte. Ce ne sont pas les quelques heures de dessins, pompeusement rebaptisées cours d'arts plastiques, enseignées au collège, puis au lycée, qui auront pu satisfaire ma curiosité, étancher ma soif de connaissances et de création ou m'apporter les bases des différentes techniques.

Le temps est passé et, comme pour beaucoup de monde, il m'a fallu opérer des choix de vie et prendre du recul avec toutes ces envies ou ces passions, gloutonnes en termes de temps et d'énergie, voire d'argent. Ce n'est que bien plus tard, une fois mes études achevées, ma situation acquise, ma vie de famille installée, que j'ai pu renouer avec cette frénésie de créer. Comme pour la plupart des parents, il est aussi un passage obligé dans la vie, durant lequel les enfants se cherchent, en s'essayant à bon nombre d'activités qu'elles soient sportives, artistiques ou culturelles. Pour mes deux filles, le premier choix fut sportif, danse contemporaine pour l'aînée et gymnastique pour la seconde, après un petit détour par les arts martiaux pour faire plaisir à papa. Par la suite Mathilde, mon aînée, a manifesté le désir de s'initier au dessin et accessoirement à la sculpture et elle m'a naturellement demandé de lui « apprendre ». Autodidacte comme je viens de l'évoquer, je ne me sentais pas en capacité de lui enseigner ce que moi-même je considérais ne pas avoir appris. Je lui ai donc proposé de l'inscrire à un cours d'arts plastiques, mais pour ce faire il a fallu que je l'y accompagne. Elle appréhendait d'y aller seule ! Après quelques mois de pratique, comme pour beaucoup d'enfants, ses envies ont évolué et elle a décidé d'arrêter pour s'essayer à d'autres activités ! Quant à moi, j'ai pris la décision de poursuivre l'expérience, car j'y entrevoyais la possibilité d'apprendre des techniques nouvelles, tout en enrichissant ce que j'avais acquis par moi-même. L'occasion aussi de faire évoluer mes connaissances et de corriger mes erreurs. Je reste persuadé aujourd'hui encore, qu'en ayant suivi cette voie, j'ai fait le bon choix, même s'il n'était pas réellement volontaire ! En effet, le fait d'être autodidacte, même si j'ai fréquenté des écoles d'art ou des ateliers d'artistes, m'a permis de développer en premier lieu mon sens créatif tout en me libérant d'un enseignement trop académique qui, me connaissant, aurait été une contrainte plus qu'un réel atout. C'est donc vers à la quarantaine que j'ai enfin pu me consacrer à ce qui allait devenir une véritable passion.

J'ai travaillé assidûment tous les médiums, j'étais un élève appliqué dans le sens où j'avais envie d'apprendre et d'évoluer, mais je m'ennuyais un peu dans cet enseignement très formaté et scolaire, dans lequel il me fallait faire et refaire, encore et toujours, sans laisser transpirer ma propre perception du sujet à traiter. Je me suis néanmoins plié aux règles jusqu'à ce que je découvre le pastel. Ce fut immédiatement une révélation. Ce petit bâtonnet de pigment de la taille d'une craie d'écolier me permettait de m'évader dans des délires inimaginables. Une technique aux infinies possibilités, empreinte de sensualité, qui se travaille avec les doigts et qui fait participer aussi bien l'esprit que le corps. Trop souvent considéré comme un médium mineur dans les écoles traditionnelles, son enseignement restait très succinct, alors qu'il nécessite énormément de technique et d'exigence. Pour en acquérir les bases, j'ai pris l'initiative de m'immerger pendant une quinzaine de jours dans un stage intensif, pour travailler aux côtés de véritables maîtres pastellistes, afin de profiter de leur savoir, de leurs connaissances, mais avant tout de leurs enseignements.

Lors de cette formation, j'ai rencontré les plus grands maîtres pastellistes du moment, chacun avec leur spécialité. J'ai eu l'occasion de tester les meilleurs pastels, qu'ils soient de fabrication industrielle ou artisanale, de découvrir leur consistance sèche ou tendre et d'apprendre à les utiliser et/ou à les mélanger à bon escient. J'ai, pour l'aspect pratique, participé à des ateliers de nature morte avec des compositions animalières ou florales, travaillé le nu et le portrait avec des modèles vivants. Mais j'ai ressenti une plus grande liberté lors du travail en extérieur sur le thème du paysage, car je pouvais laisser libre cours à mon imagination ! J'en garde le souvenir d'un dessin que j'avais réalisé sur le thème de l'arbre, (et oui déjà), qui avait interpellé Peter, notre intervenant, car j'avais représenté le tronc d'un chêne dans des coloris rouge brique et vert bouteille, ce qui donnait à mon pastel un côté à la fois expressionniste et surréaliste. Il était pour moi la traduction et le reflet de la perception émotionnelle que j'en avais sur le moment, mais bien évidement non conventionnel au regard des consignes de réalisation.

En arrivant à ce stage, nous avons été accueillis par le président de la Société des Pastellistes de France. Durant la première matinée, il nous a parlé avec passion et lucidité de ce médium exigeant. Il a évoqué le choix du matériel, que ce soient les pastels proprement dits, les crayons pastel, mais aussi les supports, les gommes et les fixatifs, indispensables à tous les stades de l'élaboration d'une « œuvre ». Il s'est longuement attardé sur l'importance de l'observation, sur la mise en place du dessin, sur l'approche du sujet, sur le traitement de la couleur mais surtout sur la façon de traiter les transparences.

En conclusion, il nous a expliqué que, pour réaliser une œuvre, il est nécessaire de s'être familiarisé en amont avec le pastel, qui, contrairement à ce que certains imaginent, n'est pas un bâtonnet qui se travaille comme un crayon de couleur. Il nous a précisé à quel point il est impératif d'avoir exécuté beaucoup d'études simples afin de découvrir les infinies possibilités de mélanges, les superpositions de couleurs afin d'apprendre à traduire les diverses matières. Il a énormément insisté sur le fait de multiplier les observations, une étape primordiale qui a pour effet de freiner les impatiences naturelles du débutant. Il a terminé en disant que « les chef-d'œuvres reposent sur un monceau d'échecs ! »

Il est revenu sur le fait que le débutant s'attache trop souvent à l'aspect superficiel de l'œuvre qu'il admire, c'est-à-dire à sa simple mise en place et à son apparence. Raison pour laquelle il brûle trop souvent les étapes et n'arrive qu'à obtenir des œuvres imparfaites et décevantes par manque de prudence, d'analyse et de réflexion ! Il nous a également expliqué la différence qu'il pouvait y avoir entre un bon technicien de la peinture et un véritable artiste. Ce fut pour moi un exposé extrêmement libérateur ainsi qu'un moment de vérité auquel je ne m'attendais pas.

Selon lui, le premier veut bien faire et répète machinalement et/ou mécaniquement les gestes et les techniques qui lui ont été enseignés. Il réalisera un travail somme toute propre et de belle facture, mais le rendu restera le plus souvent académique, sans âme, sans personnalité, sans relief.

Quant au second, tout en respectant fondamentalement la technique, il prendra avec elle quelques libertés. Il s'emploiera moins à la perfection, mais il introduira dans son œuvre ce petit supplément d'âme, d'émotion et de sensibilité, qui sera immédiatement perceptible par celui ou celle qui observera son travail.

Toujours selon lui, l'artiste, quel que soit son domaine, est à la fois décorateur, metteur en scène et éclairagiste. Pour les plus talentueux, on pourra dire qu'ils sont aussi poètes et philosophes, parfois même dramaturges, mais plus simplement rêveurs. Il s'emploie inconsciemment à faire partager ses sensibilités, ses visions voire même ses émotions les plus intimes !

En fin de cession, au moment des adieux, il avait tenu à me remettre un recueil intitulé *Les premiers pas du pastelliste*, un petit fascicule d'une dizaine de pages en format A4, dans lequel j'ai découvert une fois rentré à la maison, l'annotation suivante : « À Jean-Claude, avec tous mes encouragements. Je suis certain que tu feras un artiste remarquable... du travail, du travail et encore du travail et le succès au bout ! Affectueusement ».

C'est très probablement à compter de cette époque-ci que j'ai pris confiance et me suis totalement investi pour donner le meilleur de moi-même, mais surtout que j'ai appris à créer avec tout mon être, en me faisant la promesse de ne jamais céder à la tentation de la facilité, ni même de renier mes convictions, en partant du constat qu'il faut avant tout être exigeant vis-à-vis de soi avant de l'être vis-à-vis des autres !

Depuis, mon travail artistique a toujours gravité autour de cet axe médian que constitue mon lien étroit et profond avec cet environnement qui m'a vu naître et évoluer.

Il englobe les écosystèmes, mais aussi ce terroir du Périgord à forte potentialité énergétique qui restera ma terre nourricière à bien des égards, humainement, professionnellement, artistiquement et spirituellement. Un attachement viscéral et librement consenti à la limite de la dépendance, que je ressens comme une véritable force et un ancrage de ma vie, en dehors de toute sorte de contrainte.

La Dordogne est et restera comme un haut lieu de la préhistoire ; quant à son histoire, elle a été jalonnée de révoltes paysannes et de forts mouvements résistants. Souvent considérée comme le « berceau de l'humanité » ou le « pays de l'Homme », elle doit son nom de Périgord au peuple gaulois des Pétrocoriens dont la capitale Vesunna est devenue aujourd'hui Périgueux.

Rien d'étonnant donc à ce que j'aie naturellement été attiré, fasciné puis happé par des mouvements artistiques qui se sont révoltés face à l'ordre établi et qui ont pris racine dans la « terre » et la « matière ». Je fais référence dans ce parallèle osé à l'arte povera, au process'art, au land art, pour n'en citer que les principaux et les plus connus du grand public. Tous ont émergé dans les années soixante/soixante-dix, et font doublement écho à ma propre histoire, car ils se situent dans ma décennie de naissance !

Les progrès technologiques, l'urbanisation galopante, irraisonnée et anarchique, la déprise agricole sont autant de paramètres qui ont profondément transformé et modifié notre ruralité et par voie de conséquence notre rapport à la nature et à l'environnement, dès lors que nous les considérons comme menacés ! Nuance extrêmement importante, car elle est à la base de ce qu'il est coutume de nommer la « prise de conscience ».

Ce constat, quelle qu'en soit son origine artistique, sociétale ou humaine, est aujourd'hui l'élément moteur de cet engouement collectif et, de mon point de vue, les artistes ne peuvent ni ne doivent déroger à cette règle ni fuir leurs responsabilités. Ils ont le devoir, en tant qu'acteurs de la société, de s'engager, ou *a minima* de prendre position, à la condition expresse d'être sincère et de se soustraire à tout opportunisme ou arrière-pensée. Ce qui malheureusement ne semble pas être le cas pour certains d'entre eux, qui sont en réalité plus des *people* en quête de notoriété ou de reconnaissance que de véritables artistes engagés. Un effet de mode qui dans ce contexte peut desservir la cause en se retournant contre elle, raison pour laquelle il faut rester vigilant sur la notion de soutien.

Un certain nombre d'artistes, qu'ils soient peintres, plasticiens, sculpteurs, photographes, la liste n'est pas exhaustive, travaillent sur la notion de paysage. Ils ressentent et perçoivent tous au fond d'eux cette ligne de fuite, au sens propre comme au sens figuré, qui correspond à un horizon imaginaire. Et même lorsqu'ils pensent l'avoir atteinte, ils sont conscients que ça n'est qu'une illusion de l'esprit et qu'elle se tient toujours à distance, tel un mirage, un but qui reste inaccessible !

Depuis, je suis resté fidèle à la double conviction selon laquelle :

« L'œuvre doit être complice et non pas soumise »,

et que

« L'Art se doit d'être au service de la Nature ».

PARTIE 3

COUP DE CŒUR ARTISTIQUE AUTANT QUE FORESTIER

COUP DE CŒUR ARTISTIQUE AUTANT QUE FORESTIER

Au-delà de tous ces différents mouvements et artistes qui auront jalonné mon parcours et façonné ma perception de l'Art pour me conduire sur les chemins de mes convictions, qu'elles soient personnelles ou artistiques, il y a une personne pour laquelle je conserve une admiration et une tendresse toutes particulières.

Il s'agit de Frans KRAJCBERG, un homme qui aura mené un combat personnel et singulier, dans lequel l'artiste qu'il est participe aux débats de notre époque, notamment en matière environnementale. Ce qui bien entendu fait écho à mon propre engagement, toute proportion gardée bien évidemment !

Proche du critique d'art Pierre RESTANY, il n'adhère néanmoins pas à son mouvement « des nouveaux réalistes » créé en 1960 et dont l'objectif était de porter sur la société un regard sociologique novateur tout en témoignant d'une certaine réalité poétique déjà présente dans la cité.

Frans KRAJCBERG n'y adhère pas, pour la simple et bonne raison qu'il reste plus sensible au choc causé par les contrastes de la nature et/ou à la grandeur et à l'immensité de ses paysages. Il ne se reconnaît pas et ne se revendique pas non plus du land art car il considère n'intervenir à aucun moment dans le paysage. Il récuse aussi l'affiliation à l'arte povera car, même s'il crée à partir de matériaux qualifiés de pauvres et provenant de la nature, il estime que son attitude et sa démarche créative sont différentes. Il travaille dans un esprit militant contre la destruction de la nature et des forêts, notamment de la forêt amazonienne, alors que, selon lui, l'arte povera agit plus en réaction et par provocation !

Son œuvre gigantesque repose sur les éléments de la nature que sont la terre, la pierre, les arbres, autant de points de convergence avec ma propre démarche.

À partir des années 1975 jusqu'aux années 2003, il travaille beaucoup sur le thème « du feu destructeur » et dénonce de ce fait le péril qu'encourt le « poumon vert amazonien ».

Son histoire, son œuvre, son parcours, ses différentes périodes créatrices sont rassemblées dans un superbe ouvrage, *ART & RÉVOLTE*, publié en 2003, qui reste encore aujourd'hui un de mes livres de référence, tant pour son contenu que son rendu esthétique.

Un ouvrage qui agit sur moi comme un miroir, dans lequel je me retrouve pleinement.

Dans les moments de doute et d'incertitude, il me donne la force de continuer ce combat aux côtés de la nature et de nos forêts.

Un regret personnel, celui de ne jamais avoir pu croiser sa route, même si nous avons pu échanger par messagerie, ce qui reste, en soi, un privilège !!!

PARTIE 4

LES RAISONS DE MON ENGAGEMENT AUX CÔTÉS DE NOS FORÊTS

LES RAISONS DE MON ENGAGEMENT AUX CÔTÉS DE NOS FORÊTS

Mon activité professionnelle, mes engagements, mes lectures, mes influences ou références créatrices, mes rencontres avec des artistes de tous horizons, connus, reconnus ou méconnus, mes expositions ou mes installations, qu'elles soient personnelles ou de groupe, mes errances intellectuelles ont, dans un premier temps, contribué à construire l'homme que je suis aujourd'hui, puis, par la suite, l'artiste que, peut-être, je suis devenu !

Une personne au caractère libre et engagé, hyperactive, curieuse, solitaire, mystérieuse de l'avis de certains, avec un comportement volontaire. Ce qui m'aura souvent valu d'être assimilé à une personne froide ou distante, voire insensible et carrément sauvage. J'ai même entendu à mon égard prononcer le terme asocial. Une image et une perception de moi qui m'ont longtemps dérangé, parfois même blessé, mais avec lesquelles j'ai appris à composer. C'est malheureusement l'apanage des individus au caractère entier, mais souvent aussi, le prix à payer par celles et ceux qui ne se réclament pas des majorités et osent exprimer leur différence ! Rien ni personne n'aura jamais pu me détourner de cette force créatrice en perpétuelle mutation ainsi que de mon objectif principal, qui consiste à attirer l'attention sur les difficultés que rencontrent notre environnement, notre nature et plus particulièrement nos forêts. Elles qui sont, ne le perdons jamais de vue, une des composantes majeures de nos paysages et de nos territoires ruraux !

Cette ruralité à laquelle je fais très souvent référence, qui se caractérise par tout ce qui est rural, c'est-à-dire qui se rapporte à la campagne. Notre société d'aujourd'hui s'identifiant en premier lieu par les villes, la campagne se définit trop souvent par défaut comme ce qui reste du territoire une fois les espaces urbains soustraits. On entend par là les paysages à couverture végétale très variée, composée de forêts, de prairies, de champs et plus généralement de tout ce que l'on qualifie d'espaces naturels dans lesquels perdure, d'une façon ou d'une autre, une activité agricole occupant et entretenant de vastes étendues.

Une définition pour le moins réductrice quand on sait que nos campagnes représentent plus de 80% de notre territoire national, dans lesquelles vivent plus d'un tiers de nos concitoyens.

Un espace qui présente une certaine ambivalence, puisque, pour 60% de la population, il offre un cadre et une qualité de vie idéals, alors que ce même panel considère en parallèle et dans une proportion sensiblement identique qu'il est synonyme de difficultés socio-économiques, de déserts administratif et médical et qu'il est générateur de conflits et nuisances de toutes sortes.

Pour bien comprendre mon engagement aux côtés de nos forêts, un petit rappel chiffré s'impose. Même s'il paraît au premier abord fastidieux, il est néanmoins nécessaire, de façon à exposer le problème et ainsi mieux appréhender son ampleur et ses conséquences probables!

Le massif forestier français compte 17 millions d'hectares soit un taux avoisinant 30% de notre territoire national. La forêt privée en détient 80% alors que les forêts domaniales et celles des collectivités ne comptent que pour 20%. Il se situe en quatrième position derrière la Suède, la Finlande et l'Espagne et représente à lui seul 10% de la surface des forêts européennes.

Des peuplements extrêmement diversifiés, qui contribuent à sa richesse, avec plus de cente trente espèces d'arbres dont les principales et plus connues du grand public, sont:

- pour les feuillus, avec un total de 64% de notre surface forestière : les chênes pédonculés, rouvres et sessiles pour 22%, les hêtres pour 11%, les chênes verts et pubescents pour 6%, les châtaigniers pour 5%, les charmes pour 4%, les frênes pour 4%, l'ensemble des autres feuillus représentant 12%.

- pour les conifères avec un total de 36% de notre surface forestière : l'épicéa commun pour 8%, le sapin pectiné pour 8%, le pin sylvestre pour 6%, le pin maritime pour 5%, le douglas pour 4% et l'ensemble des autres conifères pour 5%.

Ces chiffres de l'inventaire forestier national datant de 2016, il y a fort à penser, en tenant compte de l'accroissement des forêts à raison de 0,7% par an en moyenne et de la politique forestière actuelle en faveur d'un enrésinement massif en substitution de nos forêts feuillues, que le pourcentage feuillus/résineux est aujourd'hui plus proche des 60/40. Avec la quasi-certitude que ces deux chiffres tendront à se rapprocher dans un espace-temps relativement proche, pour malheureusement à moyen terme s'inverser au profit des conifères ! Citons, pour mémoire, qu'au XIXe siècle le taux de boisement se situait autour des 24% contre 30% aujourd'hui, que celui des feuillus était de 76% contre 64% aujourd'hui et celui des conifères de 24% contre 36% aujourd'hui. Ce qui veut dire qu'en moins de deux siècles le taux de boisement a augmenté de 6%, et que, dans le même temps, les forêts feuillues ont diminué de 12% alors que les massifs résineux progressaient quant à eux dans la même proportion !

Si je prends et cite l'exemple de nos forêts périgourdines pour illustrer et compléter mon propos, c'est que je les connais bien pour y avoir officié. Elles constituent le troisième département français en terme de surface forestière et sont en tous points symptomatiques de la façon dont nos bois sont actuellement gérés, tant sur le fond que sur la forme.

La Dordogne comptabilise 418 000 hectares de bois soit 45% du territoire départemental contre 30% pour la moyenne nationale. Les forêts sont privées à plus de 99% et sont réparties entre une multitude de petits propriétaires dont la moitié possède moins d'un hectare. Un morcellement qui ne cesse de s'accroître, notamment avec les partages et les héritages successifs. Ce qui n'est pas sans générer d'énormes difficultés en terme de gestion de massif.

Par son ampleur, ce parcellaire éclaté peut expliquer, mais non justifier, comme cela est malheureusement trop souvent le cas aujourd'hui, le phénomène des « coupes à blanc » suivies d'enrésinements. En réalité, les entreprises spécialisées dans le reboisement font du démarchage auprès des petits propriétaires forestiers et les incitent à se regrouper afin de créer des îlots cohérents en terme de gestion. De ce fait, ils agglomèrent les microparcelles, effectuent des coupes rases sur l'ensemble, défrichent les bois existants et proposent des chantiers « clé en main » avec introduction massive de conifères provenant de leurs propres pépinières. À la base, le principe semble partir d'un bon sentiment et d'une approche positive, puisqu'il s'apparente à du remembrement forestier. En réalité, il permet surtout de s'exonérer des démarches administratives qui règlementent les autorisations de coupes, mais aussi et surtout d'imposer le choix des travaux et des essences à introduire. Chacun des petits propriétaires ne représentant qu'une infime partie du projet global, leur poids respectif ne pèse donc pas lourd dans la balance !

Individuellement, ils ne pourraient prétendre à aucune aide, de cette façon-là, l'occasion leur est donnée d'obtenir des financements ! Des opérations jugées positives à la fois par les entreprises qui, par ce biais, développent leur activité et accroissent leur influence ; par les bénéficiaires qui se voient octroyer des aides inespérées ; par les services forestiers qui, de cette façon, peuvent mettre en avant un bilan d'activité positif tout en se dédouanant de toute responsabilité. Cette politique relève néanmoins d'orientations politiques et de choix stratégiques qui, sur le moyen et le long terme, se révèleront hautement toxiques et préjudiciables à notre environnement et à la pérennité de nos forêts traditionnelles ! J'en prends pour preuve l'objectif clairement affiché pour la Dordogne par ses grandes entreprises de reboisement, qui serait de préparer la mutation des forêts de demain, en les réduisant à quatre essences principales qui seraient, le pin maritime, le pin taeda, le peuplier et le sapin douglas ! Trois de ces essences sont des conifères que nous connaissons bien et qui participent déjà pour une bonne part à la « malforestation » et à l'appauvrissement de nos massifs ; quant à la quatrième, le peuplier, en aucun cas elle ne peut être assimilée à une essence forestière, ses terrains de prédilection étant les zones humides de vallée, les zones partiellement inondables ou les ripisylves (formations boisées situées aux abords des cours d'eau). Le peuplier est une essence dite à croissance rapide, la populiculture, nom donnée à sa culture plus proche de l'agriculture que de la sylviculture, produit un bois blanc, tendre et léger. Il est principalement utilisé pour la caisserie et l'emballage et sa seconde qualité alimente l'industrie de la palette ou la fabrication de la pâte à papier. Un choix qui interroge mais auquel ne semble rien avoir à redire l'administration forestière.

Alors que les essences présentes aujourd'hui sur notre territoire offrent une grande diversité propice à la biodiversité, avec notamment la présence des chênes dits « de pays » (dans toutes ses composantes), des châtaigniers, des charmes, des merisiers, des chênes rouges d'Amérique, des aulnes, des frênes pour les feuillus, ainsi que des pins sylvestres, des pins maritimes, des pins laricio, des pins taeda, des douglas, des épicéas et des mélèzes pour les conifères. Cette liste n'est bien évidement pas exhaustive, elle ne fait qu'énumérer les essences les plus fréquemment rencontrées.

PARTIE 5

ESSENCES FORESTIÈRES LES PLUS REPRÉSENTATIVES

ESSENCES FORESTIÈRES LES PLUS REPRÉSENTATIVES

SAPIN PECTINÉ

Abies alba

*Nom commun : Sapin, Sapin pectiné.

Conifère de la famille des Pinacées très présent en Europe qui représente 8% des essences forestières présentes sur notre territoire national.
En station de moyenne montagne entre 400 et 800 mètres, il peut atteindre des hauteurs de 60 mètres pour un diamètre de 2 mètres.
Son enracinement pivotant et profond lui donne un bon ancrage dans les sols fissurés. Son tronc est droit avec un port de branches ho-

rizontal. Son écorce est lisse, d'un gris argenté et présente de petites pustules de résine ; quant à ses aiguilles, elles peuvent être plates ou légèrement arrondies, généralement souples et longues et implantées sur les rameaux en solitaire.

Son bois blanc se commercialise sous le nom de « sapin », tout comme celui de l'épicéa dont il est très proche et difficilement différenciable.

Dans sa région de prédilection, on produit un miel nommé « miel de sapin des Vosges ». Il est élaboré à partir d'un liquide épais excrété par des insectes piqueurs/ suceurs qui se nourrissent de la sève élaborée des arbres. Ce liquide ou miellat se présente sous forme de gouttelettes visqueuses composées à 90% de sucre.

Carpinus

*Nom commun : Charme.

Arbre de la famille des Bétulacées qui compte une trentaine d'espèces à travers le monde. Il représente 4% des essences forestières présentes sur notre territoire national

Une forêt constituée majoritairement de charmes se nomme indifféremment une charmaie ou une charmeraie.

Cet arbre peut atteindre en station une hauteur d'une vingtaine de mètres, son écorce fine et grise argentée avec des taches blanches peut, en vieillissant, devenir sillonnée et de couleur beaucoup plus foncée. Son feuillage caduc est constitué de petites feuilles dont les bords du limbe sont finement dentés. Pour les différencier de celles du hêtre, ne dit-on pas que « les charmes ont des feuilles dentées alors que les hêtres ont des feuilles poilues » !

Les fleurs mâles et femelles distinctes sont des inflorescences en forme de chatons présentes sur le même arbre, le fruit est un akène attaché à une feuille en forme d'hélice, caractéristique qui en facilite la dispersion.
Le charme a la faculté de très bien s'accommoder de la taille, d'où son utilisation dans les parcs et jardins, en haies ou en charmilles (allées ou tonnelles couvertes).

Son bois blanc est très dur et dense mais sa sensibilité à l'humidité en limite grandement son utilisation. Raison pour laquelle il est cantonné à la fabrication des manches à outils, des maillets, des étals de boucher et réservé pour le tournage. Autrefois, il servait à la fabrication de pièces d'essieux ou de poulies car il supporte les frottements sans subir trop d'usure.
Il est un très bon bois de chauffage hautement calorifique, son charbon de bois a longtemps alimenté les forges.

Castanéa sativa

*Nom commun : Châtaignier.

Arbre de la famille des Fagacées qui couvre environ 5% de la surface forestière française.
Essence à croissance rapide qui peut culminer à 30 mètres.
Son écorce est fine et lisse dans son jeune âge, elle a tendance à se fissurer et à brunir avec le temps.
C'est une essence calcifuge, c'est-à-dire qu'elle fuit le calcaire. Ses terrains de prédilection sont les sols pauvres acides ou sableux.
Le châtaignier est une essence très localisée, présent en Bretagne, dans le Massif central, le Limousin et en Dordogne.
Son feuillage caduc est formé de longues feuilles dentées de forme ovoïde qui, dès la fin de l'été, virent au jaune luisant. Les feuilles restent une partie de l'hiver sur l'arbre, on dit qu'elles sont marcescentes.

Son fruit, la châtaigne, est très prisé par les consommateurs.
L'arbre, le châtaignier, peut être traité sous le régime de la futaie, du taillis ou du verger.

- En futaie, il donnera des arbres « francs de pied » capables de fournir des billes de bois d'œuvre pour la fabrication de parquets, de lambris, de charpentes, de meubles ou encore de merrains pour la tonnellerie.
- En taillis, il se multipliera en cépées de plusieurs brins pour fournir du bois d'industrie transformable en pâte à papier, en panneaux de particules, en piquets de

vigne, sans oublier des productions de type artisanal, qui confectionnent des plessis, des clôtures, des bordures, etc.

• En verger, l'objectif restera la production du fruit, la châtaigne, valorisé dans la confiserie pour les marrons glacés ou commercialisé comme fruit d'automne pour le grand public.

Selon le calendrier celtique, le châtaignier est un arbre sans prétention, associé à des personnes humbles, pleines d'humour et de bon sens.

Fagus sylvatica

*Nom commun : Hêtre

Arbre de la famille des Fagacées, le hêtre, de son nom latin *fagus*, est parfois nommé « fayard ».
Une forêt de hêtre porte le nom de hêtraie.
Espèce frugale par excellence, elle s'adapte à tout type de sols dès lors qu'elle croît sous couvert. Elle est sensible aux grandes variations de températures et requiert une humidité atmosphérique marquée.
Dans la partie nord de la France, le hêtre évolue en plaine alors que, dans la partie sud, il n'est présent qu'en montagne en association avec le sapin.
Le hêtre représente environ 10% de la forêt française.
En situation idéale, il peut culminer à plus de 30 mètres et atteindre un diamètre de 1,50 m.
Son enracinement superficiel de par son système racinaire traçant le rend

extrêmement sensible au vent et aux tempêtes.
Arbre à croissance lente, il offre un bois dur et dense de couleur jaune qui manque de souplesse, ce qui en limite son utilisation !
Son feuillage présente une grande similitude avec celui du charme, à la différence près que les feuilles de ce dernier sont dentées alors que celles du hêtre sont pubescentes, à l'image de leur bois qui présente des caractéristiques communes et des débouchés identiques comme la fabrication des billots de boucher, des manches d'outils, des pièces complexes de tournage, etc.

Le hêtre est utilisé de nos jours dans la menuiserie pour la fabrication de meubles et de parquets ; pour la confection de panneaux de particules et l'industrie de la pâte à papier ; pour la fabrication des jouets, des sabots. Autrefois, son bois était utilisé pour la confection des pinces à linge.
Il reste un excellent bois de chauffage et un ingrédient indispensable pour le fumage des viandes et des poissons !
Son fruit, la faîne, comme le gland du chêne, est fortement apprécié par les animaux sauvages ou domestiques tels les sangliers et les cochons.
Le hêtre est l'arbre symbole de confiance, de patience et de vitalité. Il aide tout un chacun à se voir positif et améliore la confiance en soi.

Fraxinus

*Nom commun : Frêne.

Arbre appartenant à la famille des Oléacées qui compte une soixantaine d'espèces à travers le monde.

Il représente environ 4% des essences de notre territoire.

Une forêt majoritairement peuplée de frênes se nomme une frênaie.

L'espèce la plus présente dans nos bois reste le Frêne commun, *Fraxinus excelsior*.

Dans des conditions idéales d'ensoleillement et d'humidité, il peut culminer à plus de 30 mètres pour un diamètre de 1 m et il est considéré comme un arbre à croissance rapide.

Son écorce lisse d'un gris argenté devient avec le temps plus foncée et fissurée. Son feuillage caduc est composé de feuilles comptant de cinq à quinze folioles au bord dentelé et aux extrémités pointues.

Il fructifie au terme d'une quarantaine d'années pour donner des fruits qui sont appelés samares. Ils se présentent par grappes d'une quinzaine qui restent présents sur l'arbre durant l'hiver.

Le bois du frêne est dur et dense, mais, malgré cela, il a la faculté de rester flexible, raison pour laquelle il est utilisé pour la fabrication des manches d'outils, des hampes pour lances et javelots, des gouvernails et rames de bateaux, des raquettes de sport, etc. C'est également un bois qui se prête au polissage d'où son utilisation fré-

quente en menuiserie et en ébénisterie.
Du côté des légendes et des traditions, on accorde au suc du frêne la vertu de guérir les morsures du serpent et, par extension, à son bois la faculté de les repousser !

Picéa abies

*Nom commun : Épicéa commun.

Conifère de la famille des Pinacées et du genre Picéa qui représente 8% des essences forestières présentes sur notre territoire national.
Arbre d'origine européenne, de climats froids et humides, il pousse naturellement en zone de montagne au-dessus de 400 mètres. De croissance lente, il peut toutefois atteindre des hauteurs de l'ordre de 30 à 40 mètres pour des diamètres n'excédant pas les 1,50 m.
Son feuillage se compose d'aiguilles solitaires, courtes et piquantes, disposées en brosse sur les rameaux. En vieillissant, ces mêmes rameaux prennent un aspect pendant, assimilable à une dentelle, une guirlande ou une draperie.
L'épicéa se caractérise par le fait de posséder sur le même sujet des cônes mâles et femelles distincts.
Son bois est qualifié de blanc, les gru-

mes sont utilisées en charpente et les petits billons sont destinés à l'industrie de la pâte à papier, à l'emballage ou à la planche à coffrage. Les bois les plus fins trouvent une utilisation pour la lutherie dont ils constituent la table d'harmonie de certains instruments comme des pianos, des harpes, des violons ou des guitares.

Autre utilisation plus anecdotique, la fabrication des flèches pour l'archerie. Quant aux déchets de scieries, ils sont valorisés en pellets (autres noms des granulés pour les poêles à bois) ou en plaquettes pour les chaufferies.

Pinus nigra

*Noms communs :Pin noir, Pin d'Autriche, Pin de Corse, Pin de Calabre, etc.

Un conifère au terme générique regroupant de nombreuses sous-espèces. On les retrouve principalement de l'Espagne à la Crimée ainsi qu'en Asie Mineure, à Chypre et en Afrique du Nord. Il entre pour une bonne part dans les 5% de résineux divers présents sur notre territoire national.
Ce sont des arbres de grande taille et de forme pyramidale pouvant atteindre 50 mètres. Les aiguilles regroupées par deux sont rigides et piquantes. Ils sont considérés comme des essences de lumière à croissance modérément rapide, ce qui n'empêche pas leurs semis naturels de croître sous un couvert assez épais. Ils devront toutefois être vite dégagés pour évoluer, à défaut de quoi ils végéteront.
Les pins noirs offrent une grande diversité d'espèces. Ce sont généralement

des arbres qui peuvent prospérer dans des milieux pauvres en eau et sur des amplitudes de sols allant du calcaire à la silice. Ce sont de bons colonisateurs de sols parfois médiocres.

Le bois des pins noirs est modérément dur, il est principalement utilisé en construction et dans la fabrication de la pâte à papier.

Napoléon utilisa la variété des Pins laricio de Corse pour faire les mâts de ses navires !

Pinus pinaster

*Nom commun : Pin maritime.

Conifère de la famille des Pinacées qui représente 5% des essences forestières présentes sur notre territoire national.

Le Pin maritime est un arbre au feuillage vert intense, formé d'aiguilles longues, épaisses et piquantes regroupées par deux.

Son aire de répartition couvre le sud-ouest de l'Europe, la péninsule italienne et une partie de l'Afrique du Nord.

Il est considéré comme une essence de lumière, fortement colonisatrice en raison de sa capacité d'adaptation à des sols très variés et de son caractère frugal.

Cette essence est la principale composante du massif des Landes de Gascogne, une forêt artificielle de plus d'un million d'hectares créée de la main et par la volonté de l'homme au XIXe siècle.

Le pin maritime, cultivé selon les normes de la culture moderne intensive, produit un bois formaté qui est utilisé en bois d'œuvre pour le sciage des bois de charpente, pour l'emballage (caisse, cagette, etc.) ainsi que pour le coffrage. En industrie, il est principalement destiné à la trituration (pâte à papier).

Autrefois, le pin maritime faisait l'objet de gemmage, opération qui consistait à récolter la résine des arbres dans un pot en terre cuite élaboré à cet effet. Cette substance brute ainsi récoltée était distillée afin d'obtenir la térébenthine, utilisée dans la confection des produits d'entretien, des peintures et des vernis ainsi que dans l'industrie pharmaceutique.

Pseudotsuga Menziesii

*Nom commun : Sapin de Douglas.

Conifère de la famille des Pinacées qui représente 4% des essences forestières présentes sur notre territoire national.

Il est originaire du nord de l'Amérique du Nord. On le nomme de différentes façons : sapin de Douglas, douglas vert, pin d'Oregon ou encore douglas de Menzies.

C'est un arbre à croissance très rapide, très en vogue, qui possède de bonnes qualités technologiques.

Il peut culminer entre 40 et 60 mètres, atteindre des diamètres de plus de 2 mètres et vivre plusieurs siècles.

Son tronc est recouvert de pustules de résine odorante, son feuillage de couleur vert foncé en forme de brosse est composé d'aiguilles minces, souples, pointues et légèrement arquées. Lorsqu'on le froisse, il s'en dégage une forte et caracté-

ristique odeur de citronnelle. L'effet conjugué de cette odeur et de la présence des pustules de résine sur son tronc rend cet arbre extrêmement appétant pour les cervidés et le fragilise.
Son bois est de qualité supérieure à celle de la majorité des autres pins. En Amérique du Nord il est utilisé en construction, pour de la charpente, en bardage, en plancher ainsi qu'en ouvrage d'art.

Malheureusement, en France il est sous-utilisé et exploité trop précocement pour qu'il puisse fournir du bois d'œuvre. Il est traité en plantations monospécifiques et

exploité entre 30 et 40 ans. La principale utilisation de son bois est l'industrie de la palette à usage unique.
Ce mode de gestion ne lui permet nullement de croître dans des conditions favorables à sa régénération.

Quercus

*Nom commun : Chêne.

Arbre de la famille des Fagacées. On en compte plus de quatre cents espèces à travers le monde. Il représente 28 à 30% des essences forestières présentes sur notre territoire national, parmi lesquelles le chêne pédonculé (*Quercus robur*), le chêne rouvre ou sessile (*Quercus petraéa* ou *sessiliflora*), le chêne chevelu (*Quercus cerris*), le chêne tauzin (*Quercus pyrenaica*), le chêne pubescent (*Quercus pubescens*), le chêne vert (*Quercus ilix*), le chêne liège (*Quercus suber*), le chêne kermès qui, lui, est plutôt un arbrisseau.
Les plus représentatifs et présents sont les chênes pédonculés et sessiles.

• Le chêne pédonculé est un très bon colonisateur. Espèce de lumière par excellence, il a besoin que son houppier se développe dans l'étage dominant. Il est très frugal, s'accommode d'un Ph proche de la neutralité mais reste sensible à la sècheresse.

• Le chêne sessile ou rouvre est en tout point plus rustique que le pédonculé. Il est plus résistant à la sécheresse, possède une meilleure adaptabilité au sol, supportant ainsi des terrains plus acides, secs et superficiels.

Ces deux espèces peuvent, dans des conditions stationnaires idéales, atteindre des hauteurs de 40 à 50 mètres ainsi que des diamètres de l'ordre de 2 mètres. Ils ont pour ce faire un ancrage au sol très stable du fait de leur système racinaire pivotant.

L'écorce du chêne est grise et lisse sur des sujets jeunes et plus foncée avec des sillons longitudinaux sur des arbres plus âgés. Son feuillage est caduc à l'exception des chênes verts et des chênes-lièges qui, eux, conservent leurs feuilles en hiver (feuillage persistant).

Le chêne est un arbre qui fructifie relativement tard, généralement autour de quarante ans, ensuite il peut donner en début d'automne plusieurs milliers de fruits. Le gland, inséré dans une cupule, tombe de lui-même dès qu'il atteint le stade de maturité.

Le chêne possède un bois lourd et dense qui est excellent pour la construction, la charpente, les traverses de chemin de fer ainsi que pour la tonnellerie du fait de sa forte teneur en tanin. Son écorce, pour cette même raison, est utilisée pour le tannage du cuir.

Ses glands servaient autrefois d'ali-

ments pour engraisser les porcs dans les campagnes.
Le chêne pubescent autrement nommé « chêne truffier » reste un excellent vecteur de ce champignon, mais, grâce à la maîtrise acquise par l'homme de la mycorhization, il est en train d'être supplanté par le chêne vert, désormais mieux en station car moins sensible au changement climatique et à la sécheresse.
Les chênes sont des essences extrêmement sensibles à l'oïdium (feutrage blanchâtre) et sont souvent les hôtes de chenilles processionnaires qui possèdent de longs poils très urticants.

PARTIE 6

LES DIFFÉRENTS TYPES DE FORÊTS

LES DIFFÉRENTS TYPES DE FORÊTS

Nos forêts traditionnelles constituent des écosystèmes très complexes nécessitant, de la part de celles et ceux qui en assurent la gestion, des connaissances particulières et spécifiques attachées au milieu et à la nature des peuplements en place. Raisons pour lesquelles, à ce stade du récit, il me paraît essentiel de faire un point sur les définitions relatives aux deux grandes classifications que sont les forêts primaires et les forêts secondaires et de tenter de définir ce que sont réellement nos forêts !

*La forêt primaire, plus connue sous le terme de forêt vierge, est un espace naturel intact, n'ayant fait l'objet d'aucune intervention humaine. Ces forêts, aujourd'hui, couvrent moins de 10% de la surface de notre planète Terre. Elles se situent principalement en Amazonie, essentiellement au Brésil, au Pérou et en Colombie, mais aussi en République démocratique du Congo et en Indonésie. En Europe, elles ne subsistent malheureusement plus que sous forme de traces ou de vestiges et uniquement dans sa partie est, à savoir en Pologne, en Biélorussie ou en Bosnie-Herzégovine.

*La forêt secondaire regroupe plus de 64% des surfaces forestières mondiales. Ce terme regroupe communément celles qui ont été aménagées et dans lesquelles l'homme est intervenu à des fins économiques. Parmi elles, il est possible de distinguer :

– Les forêts « modifiées ». Elles sont principalement recouvertes d'essences dites indigènes. Elles ont néanmoins subi l'activité humaine par des coupes, des abattages ou des régénérations naturelles. Le terme « indigène » désigne dans ce cas un végétal naturellement originaire ou natif de la région.

– Les forêts « semi-naturelles ». Elles sont composées également d'essences indigènes, mais elles sont la conséquence de plantations, de semis ou de régénérations assistées.

– Les forêts ou « plantations de production ». Elles proviennent, comme leur nom l'indique, majoritairement de semis ou de plantations avec une arrière-pensée strictement économique, la notion d'essences indigènes y reste très aléatoire voire inexistante. On parle dès lors d'essences introduites.

– Les forêts ou « plantations de protection ». Elles sont issues d'essences choisies et mises en place exclusivement dans le but de protéger les sols contre l'érosion ou les glissements de terrain, de sauvegarder et de réguler le régime des eaux ou, de façon plus générale, d'encourager et de favoriser la biodiversité.

La France, malgré son important patrimoine forestier, ne compte plus aucune forêt primaire, mais il est encore possible de visiter quelques forêts dites « anciennes » notamment en Guyane. Un terme pour le moins complexe qui désigne une forêt avec un couvert forestier vieux de plus d'un siècle et demi, comptant des arbres remarquables ou vénérables et dans laquelle la présence humaine reste cantonnée à des actions de coupes ou d'exploitations limitées et contrôlées. Un arbre vénérable est un sujet qui présente une rareté ou une spécificité, faisant de lui un élément remarquable du patrimoine ou du paysage. Cette notion de forêt « ancienne » a un exemple unique en métropole, la hêtraie de la Massane à Argelès-sur-Mer. Classée réserve naturelle nationale, elle fait écho à l'ancienneté de l'usage forestier du lieu, contrairement aux forêts qualifiées de « vieilles » ou de « matures » qui, elles, renvoient plus à des notions d'âge des arbres ou de diversité des espèces.

Mais alors, dans nos contrées, quelle véritable définition se cache derrière le vocable de « forêt » ?

Il est de coutume de considérer qu'une forêt est un espace d'une superficie de plus de 0,5 hectare, possédant un couvert arboré d'essences à vocation forestière de plus de 10%, (cette surface étant calculée par la projection de l'ombre portée des houppiers au sol lorsque le soleil est à son point de culmination).

Les arbres doivent être capables d'atteindre une hauteur minimale de 5 mètres à leur maturité, ce qui en exclut de fait les terrains utilisés pour les pratiques agricoles comme les vergers, qui ont une destination exclusivement fruitière!

Selon la nature du peuplement en place et sa superficie, il est possible d'utiliser les termes de boqueteau, de bosquet ou de bois.

Le boqueteau est généralement un petit bosquet isolé dans un espace non boisé, le bosquet un petit bois d'une surface inférieure à un demi-hectare et un bois une étendue boisée supérieure à ce même seuil.

Les forêts sont des milieux de vie complexes, dans lesquels les écosystèmes peuplés d'arbres ont développé des relations intimes avec les milieux dans lesquels ils évoluent. Elles diffèrent selon le climat, l'état des sols et les espèces animales ou végétales qui les accompagnent.

Cette définition, qui fait référence au sein des instances et des autorités forestières, permet de véritablement mieux dessiner les contours de ce que sont les forêts, même si parfois elles revêtent des formes différentes. Elles peuvent indifféremment abriter des peuplements purs de feuillus ou de conifères ou des peuplements mixtes. Elles peuvent être administrées sous le régime de la futaie, du taillis ou du taillis sous futaie selon le mode de gestion et/ou l'essence en place !

La futaie se compose de grands arbres feuillus et/ou résineux issus généralement de semis provenant de régénération naturelle. Elle est qualifiée de régulière lorsque les arbres sont tous dans la même classe d'âge ou d'irrégulière lorsque plusieurs classes d'âge se côtoient.

Ce n'est pas le cas du taillis, dont les arbres ou rejets proviennent de régénération végétative ou asexuée d'une souche à partir de bourgeons qui donnent naissance à plusieurs tiges nouvelles, l'ensemble formant une cépée.

Quant au taillis sous futaie, il correspond à un régime sylvicole mélangeant le régime de la futaie et celui du taillis, d'où la présence de deux ou trois niveaux de végétations bien distincts.

La forêt, je le répète car c'est primordial, reste un écosystème complexe et, indépendamment de son mode de gestion, elle possède une structure avec une stratification bien particulière qui diffère, là encore, selon les types de peuplements que je viens de détailler.

Tout en restant généraliste, il est possible de citer :

*la strate arborescente supérieure, formée par les arbres adultes de très haute tige ;

*la strate arborescente inférieure composée des baliveaux des essences dominantes ainsi que des essences de grandeur moindre, le baliveau étant l'arbre réservé lors d'une coupe pour devenir un arbre de haute tige ;

*la strate arbustive dans laquelle nous retrouvons notamment les arbustes et les lianes ;

*la strate sous-ligneuse avec les très jeunes sujets déjà en place ;

* la strate herbacée, pour terminer, avec les germinations d'arbres, les lichens, les mousses, les champignons, mais aussi les litières majoritairement composées de feuilles mortes.

Une stratification de même type s'observe également pour l'appareil souterrain de nos forêts, c'est-à-dire pour les systèmes racinaires qui, selon les espèces concernées, vont coloniser des niveaux bien différents.

Enracinement superficiel pour les graminées et les herbacées et très disparate pour les arbres. Un enracinement traçant et relativement superficiel pour certains comme, par exemple, le hêtre dont les racines se développent latéralement sans pivot, ou profondément ancré dans le sol pour une stabilité maximale comme pour le chêne ou le châtaignier.

Un écosystème forestier avec ses différentes strates – qu'elles soient aériennes pour les parties visibles de l'arbre ou souterraines pour sa partie racinaire –, est, de toute évidence, une structure de type vertical.

PARTIE 7

IMMERSION DANS LES MYSTÈRES DE LA FORÊT ?

IMMERSION DANS LES MYSTÈRES DE LA FORÊT ?

La forêt se définit comme étant un écosystème, c'est-à-dire qu'elle est constituée d'un certain nombre d'êtres vivants qui cohabitent, interfèrent et interagissent au sein d'un même milieu.

Les arbres, qui constituent l'élément essentiel de cette « communauté de vie », développent avec les autres êtres vivants des relations ou des interactions différentes selon la nature des sols qui les nourrissent, le climat qui les abrite, la luminosité ou la température. La nature et le type de végétaux qui les accompagnent ainsi que les espèces d'animaux qui vivent sous leur couvert sont autant d'éléments constitutifs de ces milieux aussi variés et complexes, qu'évolutifs.

Les arbres ne possèdent pas de système nerveux, ce qui ne les empêche nullement de s'adapter avec « intelligence » aux éléments et aux circonstances extérieurs. Un arbre n'oriente-t-il pas naturellement son feuillage en direction de la lumière ? Ses racines ne sont-elles pas capables de trouver, seules, l'eau dans le sol ? N'est-il pas tout aussi capable de modifier son comportement en fonction d'éventuels changements comme la perte ou l'excès de lumière ou à l'occasion d'une coupe rase ? N'est-il pas apte à s'accommoder aux fortes chaleurs en réduisant sa masse foliaire précocement pour limiter la perte d'eau ?

La connaissance dans le domaine de la « foresterie » évolue très vite, ce terme étant le nom franco-québécois qui désigne ce qu'en France nous nommons la sylviculture, et qui, d'un point de vue imagé, me semble mieux approprié.

De récentes études nous montrent que les arbres ont la possibilité de communiquer entre eux. Pour ce faire, ils utilisent l'appareil végétatif des champignons qui les accompagnent, autrement dit le mycélium. L'arbre, sous l'effet de la photosynthèse, transforme la sève brute dite ascendante, principalement constituée d'eau et de sels minéraux, en sève élaborée descendante, ainsi devenue un mélange d'eau et de sucre. Cette sève élaborée, une fois descendue et arrivée au niveau racinaire, fait l'objet d'un partage avec les champignons. Ces mêmes champignons, en contrepartie, fournissent à l'arbre les éléments nutritifs, principalement des phosphates et des nitrates, nécessaires à leur croissance. Ces réseaux mycéliens ainsi développés effectuent des jonctions entre les systèmes racinaires des arbres, de façon à les mettre en relation. L'ensemble, en se développant, forme un véritable réseau d'informations et de communications. C'est ainsi qu'en cas d'attaques de prédateurs, l'arbre émet un « signal » qui est diffusé à travers ses propres racines en direction de celles de ses congénères, via les hyphes qui forment le mycélium, pour les informer d'un éventuel danger !

Les arbres semblent également pouvoir échanger des nutriments uniquement entre eux. Ce phénomène d'osmose se fait sous la forme d'un transfert d'éléments nutritifs des arbres à forte concentration vers ceux à faible concentration. Si l'on prend l'exemple du sapin de Douglas qui est un conifère et celui du bouleau à papier qui, lui, est un feuillu, donc deux essences au cycle végétatif bien différent, des études menées par Suzanne Simard tendent à montrer que des échanges entre ces deux essences au sein d'un même peuplement non seulement ont lieu, mais qu'ils se font de façon alternative en fonction des saisons et des besoins de chacun.

D'autres études récentes montrent que certains arbres malades ou affaiblis peuvent transmettre des éléments comme l'azote ou le phosphore à des sujets voisins et sains avant de mourir. Un transfert qui semble se faire dans le but de renforcer les défenses immunitaires de l'arbre sain pour qu'il puisse mieux résister ou lutter contre un éventuel pathogène! Un arbre moribond qui se met à disposition d'un arbre sain pour assurer la pérennité de l'espèce, n'est-ce pas un bel exemple « d'altruisme végétal ? »

La recherche avance à grands pas comme je viens de l'évoquer, et la découverte d'une certaine forme « d'intelligence » des arbres est une remise en cause importante des connaissances actuelles. Cela dit, elle nous ouvre les portes sur une nouvelle façon de percevoir le milieu forestier et d'appréhender l'arbre en tant qu'être vivant et social !

La plupart de ces travaux ont été menés par Suzanne Simard, professeure du département de foresterie de l'Université de Colombie-Britannique, dont certains présentés à l'occasion de la conférence « Technology Entertainment and Design ».

Ces travaux ont été portés à la connaissance du grand public par le livre *La vie secrète des arbres* de Peter Wohlleben.

Une belle perspective pour l'avenir, si l'on arrive à assimiler le fait que la forêt, à travers les arbres et les autres végétaux qui la composent, dispose d'un réseau connecté capable de communiquer et d'emmagasiner des informations grâce aux différents systèmes racinaires et réseaux mycéliens.

La découverte des « arbres mères » est aussi une avancée extrêmement importante qui bouscule les idées reçues, en mettant en évidence la présence de sujets censés jouer le rôle de nourrice auprès des jeunes plants ou des jeunes pousses en s'assurant qu'ils reçoivent suffisamment de nutriments. Ils sont généralement les grands sages de la forêt, les arbres les plus âgés du peuplement. Suzanne Simard les nomme aussi « les vaisseaux protecteurs de la forêt ».

Dans le cadre d'une sylviculture durable et raisonnée et avant de procéder à toute coupe ou abattage d'arbres, nous devrions commencer par identifier ces «arbres mères» ou «vaisseaux protecteurs» afin d'en différer l'exploitation, tout comme nous devrions attendre que les arbres affaiblis se soient libérés de leurs nutriments au profit des sujets sains.

Ces nouveaux indicateurs sont une remise en cause du modèle de gestion actuel et notamment de celui de la pratique des coupes rases!

Avec de telles perspectives, peut-être nous sera-t-il possible d'envisager plus sereinement un bel avenir pour nos forêts traditionnelles ?

PARTIE
8

FORÊTS OU BOISEMENTS ARTIFICIELS ?

FORÊTS OU BOISEMENTS ARTIFICIELS ?

Après vous avoir donné la définition de la forêt, explicité les différents types de peuplements, apporté les précisions techniques quant aux différents modes de gestion et avoir porté à votre connaissance les évolutions des découvertes dans le domaine de la foresterie, il est maintenant légitime de se poser la vraie question, celle qui consiste à savoir si les plantations qui sont aujourd'hui effectuées et qui nous sont imposées par les industriels du bois peuvent être assimilées à des forêts ou être considérées comme telles ?

C'est ce à quoi je vais tenter de répondre !

Les reboisements y sont majoritairement réalisés en monosylviculture résineuse. Ils sont exécutés selon les normes de l'agriculture intensive à l'aide d'engins lourds pour la préparation des sols. Ils sont associés à des traitements à base de pesticides et de débroussaillants dans le but d'éliminer toute concurrence. Les terrains sont amendés afin d'accélérer la croissance des plants. Cette façon de procéder s'apparente, selon moi, plus à de la culture d'arbres, dont l'unique finalité est de produire du bois pour l'industrie. D'autant que ces boisements sont programmés pour être exploités tous les trente ou quarante ans sans se soucier de leur pérennité. Il suffit également pour s'en convaincre de simplement observer leur sous-bois, pour constater l'absence quasi totale de toutes autres espèces vivantes, hormis bien sûr celle de « l'arbre élu ».

Plus de concurrence, plus d'espèces accompagnatrices, plus de régénération naturelle, plus de vie dans le sol, plus rien ! Un chantier qui se veut propre et net, un écosystème devenu inexistant et stérile et un sol sur lequel les couches d'aiguilles de pins se superposent années après années, sans jamais être en capacité de se décomposer, faute de mélange par manque de diversité d'essences.

Après les exploitations programmées, les autres cycles de plantation nécessiteront à nouveau les mêmes travaux de mise en place et de préparation des sols. De nouveaux amendements seront réalisés et des épandages de pesticides seront effectués afin d'éliminer les populations de scolytes engendrées par l'introduction des générations précédentes de conifères.

Un système bien rodé et sous contrôle, qui s'auto-alimente et tourne en boucle, malheureusement au seul profit des professionnels et des industriels de la filière et au détriment des propriétaires forestiers, de la diversité et, par voie de conséquence, de la biodiversité.

Une façon de faire qui s'appuie sur l'utilisation inconsidérée des machines-outils et sur un renouvellement des peuplements à chaque exploitation et à chaque coupe rase ! Tout a été pensé, programmé et mis en œuvre par l'homme, y compris le choix des essences et les échéances d'exploitation, le seul objectif étant d'obtenir le meilleur rendement en termes de production de bois et de rentabilité immédiate.

Pour illustrer mon propos et mettre l'accent sur le côté négatif de ce mode de gestion, deux citations extraites :

*Pour la première, d'un entretien du 19/11/2019 entre Marc-André Sélosse, professeur au Muséum national d'histoire naturelle, botaniste et mycologue, et le site « Graines de Mane » ;

Entretien complet à lire sur le site.
https://grainesdemane.fr marc-andre-selosse-lagriculture-conventionnelle-a-tourne-le-dos-a-la-vie-microbienne-des-sols/?fbclid=IwAR07kT8Y-uYNMCWmI-TpU_ldotIK1jvA6BNX9q5UN2vKXP5l2OoR-M1LEZRk

« [...] QUELLES SONT LES PRATIQUES AGRICOLES QUI MENACENT LES MYCORHIZES ?

M-A. Sélosse : Il y en a au moins deux. La première c'est le labour. Les champignons mycorhiziens sont fait de filaments qui sont littéralement déchirés par la charrue. La deuxième, ce sont les apports d'engrais d'azote et de phosphate. Il faut bien comprendre que les plantes sont nourries par les champignons mycorhiziens en échange de sucres. Quand elles poussent dans un sol fortement fourni en engrais, elles finissent par pouvoir se nourrir directement et ne plus avoir intérêt à se nourrir avec l'aide de ces champignons et donc n'alimentent plus ces derniers en retour. En d'autres termes, les engrais que l'on apporte dans les sols réduisent la mycorhization. On perd donc l'effet phytosanitaire des mycorhizes et on entre alors dans une double dépendance, non seulement aux apports d'engrais, mais aussi aux traitements pesticides qui pallient la moins bonne résistance des plantes aux maladies. Par ailleurs, les pesticides, notamment les fongicides, vont avoir en retour un effet encore affaiblissant pour les champignons mycorhiziens. On entre donc alors dans la logique de l'agriculture conventionnelle qui certes produit en quantité ce dont nous avons besoin mais qui tourne le dos à la logique historique de production agricole basée sur la vie microbienne des sols et les fonctions mycorhiziennes. Ces dernières peuvent pourtant réduire notre dépendance aux engrais et pesticides, notamment les fongicides. Il y a pour cela un besoin urgent de recherche appliquée, car on ne peut plus fermer les yeux sur les impacts négatifs de l'agriculture conventionnelle. [...] ».

*Pour la deuxième, d'un entretien du 18/12/2019 de Jean-François Ponge, enseignant, chercheur, professeur émérite au Muséum national d'histoire naturelle et spécialiste du fonctionnement biologique des sols forestiers avec l'association Canopée.

Entretien complet sur le site de l'association :

https://www.canopee-asso.org/interview-decryptage-de-linfluence-des-pratiques-sylvicoles-sur-les-sols-forestiers/?fbclid=IwAR3o9XBBbjKqfHuaUfB-mTc4BGhRkrsHS6Pl-2iz9hOXpkmkFQctpepUhVyY

« [...] QUELS SONT LES IMPACTS SUR LES SOLS DE L'UTILISATION D'ENGINS LOURDS ET DE LA GESTION EN COUPE RASE DE CERTAINS GESTIONNAIRES FORESTIERS ?

J.-F. Ponge : Le passage des engins lourds à l'intérieur des peuplements forestiers, ou dans le cas de coupes rases, provoque le tassement des sols. Lorsque les sols sont tassés, ils sont délaissés par les vers de terre qui se déplacent vers les zones non-tassées, ils ne régénèrent donc pas les sols tassés, contrairement aux idées reçues.

On retrouve aussi cette problématique de tassement avec les coupes rases qui créent de fortes variations micro-climatiques (pluie et soleil) défavorables à la plupart des essences forestières. Lors d'une coupe rase, la nappe phréatique remonte, il n'y a plus de couverture arborée et l'on se retrouve avec des sols qui vont s'engorger et sont, dans le même temps, exposés à une forte chaleur. Toutes ces conditions sont peu propices à la régénération naturelle. La pratique des coupes rases crée un environnement drastiquement différent de ce qu'il y avait avant, sur des grandes surfaces, et la recolonisation des sols par les vers de terre et les autres occupants du sol forestier va se faire difficilement. [...] ».

Ce système que je viens d'évoquer repose également sur l'idée de convertir les récalcitrants à ce mode de pensée unique, en utilisant des logiciels qui, avant même que les travaux ne soient commencés, calculent déjà les taux de rentabilité, programment les futures coupes et anticipent sur les éventuels bénéfices escomptés.

Mais attention toutefois à la fiabilité de ce calcul de rentabilité anticipé, car il occulte volontairement la possibilité d'intempéries, d'accidents climatiques, de catastrophes naturelles ou phytosanitaires. Pourtant, ils sont autant de paramètres qu'il convient désormais de prendre en considération bien qu'ils restent aléatoires et imprévisibles. Raisons pour lesquelles ces entreprises privées de reboisement, encouragées par les autres partenaires de la filière bois, proposent et conseillent vivement à leurs adhérents de souscrire des assurances pour couvrir ces risques naturels ! Assurance qui de fait, une fois souscrite, les exonère de leur propre responsabilité au regard de l'obligation de reprise des plants et/ou de résultats en termes de production finale.

Cette situation ainsi décrite induit une autre question fondamentale : quels seront la place et l'avenir de la Nature dans ce système « économico-politico-financier » ?

Mais avant de s'en préoccuper, il convient de répondre à l'interrogation précédente sur le fait de savoir si les boisements actuels peuvent être assimilés à des forêts et la réponse est clairement « non ». Nous ne sommes plus, de toute évidence, dans le contexte d'un écosystème complexe favorisant la biodiversité et associant le végétal, le minéral et l'animal. Nous sommes en présence d'arbres en lignes, assimilables à des boisements d'alignements, avec des essences choisies et introduites par l'homme, uniquement en fonction des besoins de l'industrie.

Pour répondre à la question de savoir la place qu'occupera la nature dans l'avenir, il faut avant tout être conscient que ce type de peuplement tend malheureusement à se généraliser au détriment de nos forêts traditionnelles, de la biodiversité et de la diversité. Ils progressent à une vitesse galopante au risque de les voir disparaître à court ou moyen terme. Un risque désormais bien réel ! Si rien n'est entrepris, sans vouloir être outrancièrement pessimiste ou verser dans le catastrophisme, l'échéance avancée de deux générations, pour cette disparition, semblent malheureusement crédible !

Il devient donc urgent que chacun de nous prenne la dimension de ce problème et s'interroge en son âme et conscience sur ses propres choix et sur ses attentes en matière d'environnement, d'autant que les dernières découvertes que j'évoquais précédemment en matière de foresterie sont pleines d'espoir.

Agissons tant que nous en avons encore la possibilité. Il en va de notre responsabilité et de notre crédibilité vis-à-vis des générations futures, car demain, peut-être sera-t-il déjà trop tard pour se lamenter ?

Dans ce cadre, le principe de précaution doit s'imposer. Il relève d'une règle de conduite que l'on peut qualifier de philosophique, qui a pour vocation de prévoir et de mettre en place des mesures de prévention des risques, alors même que la connaissance technique n'est pas en mesure de fournir suffisamment de certitudes sur les effets à craindre. Jusqu'à présent, c'est dans le domaine de l'environnement que ce principe est le plus souvent requis, car les effets peuvent être irréversibles avec des conséquences désastreuses!

Ce patrimoine de l'humanité que sont nos forêts est aujourd'hui menacé et malmené par l'industrie, qui ne voit en elles qu'une ressource minière inépuisable au seul motif que la biomasse serait indéfiniment renouvelable. Des bois surexploités et des reboisements réalisés selon le modèle de l'agriculture intensive dans ce qu'il a de plus négatif et méprisable, et qui n'a, comme seul objectif, que la rentabilité.

Une forêt désormais reléguée à son seul rôle économique à usage de production et de consommation. Système dans lequel les arbres sont perçus comme de simples producteurs ou fournisseurs de matière première, dans l'unique but d'alimenter une économie lobbyiste dans laquelle les pesticides, les engrais et autres produits débroussaillants sont aujourd'hui couramment utilisés à des fins de rentabilité. Il faut désormais produire plus que de raison afin de susciter un besoin de consommation.

Cette course à la production justifierait, selon ses partisans, l'emploi de machines à fort rendement bien que totalement surdimensionnées, inadaptées et contre-productives à moyen terme du fait de leur impact déstructurant et dénaturant sur les sols.

Si je devais n'en citer qu'un exemple, je prendrais celui des abatteuses géantes, des machines apparues il y a une bonne dizaine d'années et qui sont en capacité à elles seules de couper, ébrancher, élaguer, tronçonner. Associées à d'énormes porteurs, elles peuvent mettre en bord de route en une journée de travail l'équivalent en volume de ce que faisaient une dizaine de bûcherons aguerris.

Autres questions qui découlent de ce constat :

*Nos forêts traditionnelles résisteront-elles à cette pression industrielle, tant sur un plan qualitatif que quantitatif ?

*Que faudrait-il faire pour que les hommes que nous sommes devenus et plus particulièrement nos représentants cessent les effets d'annonce dans des mises en scènes théâtrales, pour prendre conscience de la réalité et enfin s'apercevoir de la situation d'extrême urgence dans laquelle nous sommes ?

Aurons-nous ce courage d'affronter la réalité mais aussi celui de reconnaître nos erreurs, pour mettre en place une politique relevant cette fois de l'intérêt général !

En tant que citoyens, bien sûr que nous avons aussi une grande part de responsabilité dans cette situation. Il est inutile de l'occulter ni même de vouloir le minimiser, raisons pour laquelle il nous faut agir ! Par l'intermédiaire de notre bulletin de vote, nous élisons des représentants à qui nous confions un mandat. Ils se doivent de l'honorer et, à ce titre, ils nous en sont redevables. Peut-être le moment est-il venu de leur rappeler que ce sont eux qui sont au service de la population et des citoyens et non l'inverse, comme ils semblent usuellement le penser ! Nous avons donc toute la légitimité requise pour les questionner, les interpeller et les mettre face à leurs responsabilités et/ ou leurs incohérences et/ou leurs contradictions.

Nous devrions avoir le droit, mais surtout la possibilité de les sanctionner en dehors des périodes électorales, dès lors que leurs décisions ne semblent plus conformes à leurs engagements ou à leurs promesses de campagne, mais surtout contraires à l'intérêt de tous !

Dans notre société, toute personne salariée se doit de rendre des comptes à son employeur. Elle a, de plus, l'obligation morale d'accomplir correctement le travail pour lequel elle a été recrutée et perçoit en contrepartie un salaire. Il devrait en être de même pour les élus qui ne sont rien d'autre que des fonctionnaires de la République, rémunérés avec les impôts des Français sur les budgets de l'État, des collectivités ou des communes. En tant que citoyens, ils devraient avoir à répondre de leurs actes en cas de défaillance, ce qui de toute évidence ne semble pas être le cas aujourd'hui ! Pour s'en persuader, il suffit de suivre l'actualité et de se tenir au courant de la vie dans nos cités. Et même s'ils sont souvent tenus pour responsables de leurs actes, ils n'en sont qu'exceptionnellement jugés coupables. Ainsi, au fil des affaires, le système les conforte dans leur façon d'être et de se comporter, alors pourquoi changeraient-ils ?

La politique aujourd'hui n'est plus une affaire d'honnêteté intellectuelle, ni même de conviction, pas plus qu'elle n'est un engagement au sens premier du terme. Il y a pléthore d'exemples pour valider mon propos. Par contre, elle est devenue pour certains une profession à part entière et pour d'autres un complément de revenus. Une activité devenue, au fil du temps, extrêmement rémunératrice, avec son cortège d'avantages, ce qui peut expliquer en partie les trahisons de toutes sortes, les revirements politiques, les changements brutaux d'opinions et ce, au gré des opportunités et autres propositions alléchantes. Attitudes qui me font penser à la chanson *l'Opportuniste* de Jacques Dutronc !

Depuis maintenant plusieurs années, nos massifs forestiers souffrent et pâtissent de façon évidente de « malforestation », néologisme assurément évocateur de la situation. Mais ils sont malheureusement confrontés à bien d'autres aberrations, comme par exemple l'urbanisation outrancièrement archaïque, anarchique et clientéliste, notamment dans les zones rurales ou périurbaines de nos départements. La conjugaison de cette « malforestation » due à l'enrésinement massif de nos forêts avec l'ubanisation dispersée que l'on qualifie de mitage de l'espace et au non-respect des règles élémentaires de sécurité en terme de débroussaillement dans les zones identifiées comme sensibles au risque incendie, constitue un cocktail explosif et une bombe à retardement pour les générations futures. Cet état de fait nous mènera, sans aucun doute possible, droit dans le mur et vers de probables catastrophes écologiques ! Ce ne sont pourtant pas les exemples qui manquent pour nous alerter et nous en persuader.

Quelques-uns de ces exemples pris parmi tant d'autres :

*Les incendies incontrôlables de ces dernières années en France, en Espagne, au Portugal, aux États-Unis, au Brésil, ainsi que ceux actuellement en cours et hors contrôle en Amazonie, etc. Des incendies dont il serait intéressant de connaître les tenants et les aboutissants !

*Les inondations à répétitions, suite à la construction de lotissements ou d'ouvrages en zones inondables ou naturelles. Ces aménagements qui ont supprimé ou réduit les zones d'expansion des crues, qui sont pourtant des espaces de débordement naturels des eaux et qui agissent comme des éponges.

*Les glissements de terrain dans des zones fragilisées par les actions conjuguées et répétées des hommes. Comme celles de montagne ou de pente, dans lesquelles l'homme s'évertue à terrasser, taluter, remblayer, malgré l'instabilité naturelle des sols.

Ne jouons pas aux trois petits singes de la sagesse, ne soyons ni muets, ni sourds, ni aveugles face aux incohérences notoires, car la Nature finira, quoi qu'il arrive, par reprendre ses droits. Elle sait et saura se manifester en toutes circonstances. Elle nous le montre à chacune des occasions que nous lui offrons, par des actes que nous, les humains, qualifions de catastrophes naturelles. Comme s'il y avait une fatalité pour tout !

Ce ne sont pas les actions entreprises par l'homme au coup par coup ou au cas par cas qui y changeront quoi que ce soit à moyen ou à long terme. Pourquoi enrocher et ré-ensabler les bords de mer ou construire des digues de protection au prétexte de vouloir limiter l'impact des vagues et des marées sur les constructions, alors même que celles-ci sont implantées le plus souvent en zone inondable ? Pourquoi toujours vouloir construire en milieu forestier ou en lisière de massif sans se préoccuper des conséquences qui pourraient en découler, comme, par exemple, l'accroissement du risque incendie ? Pourquoi toujours vouloir implanter sa maison sur les points les plus hauts pour bénéficier des plus beaux points de vue sans se préoccuper de la nuisance que l'on génère pour autrui en termes d'impact visuel ? Les points de vue n'appartiennent-ils pas en priorité à celles et ceux qui les regardent, plutôt qu'à celles et ceux qui les possèdent ?

L'intérêt général ne doit-il pas être prioritaire sur l'intérêt privé ?

N'est-ce pas une fois de plus l'homme qui, par ses actions égoïstes, ponctuelles et irraisonnées, s'entête à vouloir à tout prix assouvir ses envies et protéger ses propres intérêts, fussent-ils illégitimes ? Ne serait-il pas plus judicieux, dans tous ces cas de figure, d'interdire les aménagements dans ces espaces naturels sensibles, soumis aux aléas climatiques et dans lesquels tout semble indiquer qu'il y aura un jour ou l'autre des problèmes ?

Toutes ces vérités, relevant du simple bon sens, font écho à la nouvelle de Zola,

Villégiature, parue dans *le Petit Journal* en 1865. Il l'a écrite comme une caricature des petits bourgeois de l'époque, dans laquelle se mêlent la médiocrité, l'égoïsme, l'autosatisfaction face à sa condition sociale et son petit confort ridicule. Un parallèle fort intéressant qui montre que, malheureusement ce type de comportements n'est pas récent et qu'il semble encore avoir de beaux jours devant lui.

PARTIE
9

LES DIFFÉRENTS RÔLES DE NOS FORÊTS

LES DIFFÉRENTS RÔLES DE NOS FORÊTS

Quelles leçons en avons-nous tiré, en tirons-nous ou en tirerons-nous ? Malheureusement aucune !

Nous restons figés sur cette maxime individualiste et bien connue selon laquelle le mal n'arriverait que chez les autres ! À l'instar de ces responsables qui me tenaient ce type de propos lors de réunions sur ces sujets sensibles d'aménagement du territoire, alors que j'étais encore en activité : « Ce serait bien la malchance, si un problème devait intervenir durant mon mandat ! » Ce qui dénote bien le niveau de responsabilité ou de conscience qui anime certains d'entre eux, l'idée qu'ils se font de l'intérêt général et du rôle de leur fonction en tant qu'élus du peuple ou responsables politiques. Une vision à court, voire très court terme, exempte de projection sur le futur ou sur les éventuels impacts. Et lorsque par malheur les problèmes surviennent, c'est de la faute à pas de chance ! Ils restent avec le sentiment d'avoir tout mis en œuvre et ne se considèrent nullement comme responsables, incapables d'assumer leurs erreurs ou leurs décisions, en totale inconscience ! La gestion actuelle appliquée à nos massifs entre tout à fait dans ce champ d'irresponsabilité collective dont je viens de parler.

Nos forêts ont, de toute évidence, un rôle économique majeur, il serait irresponsable de ma part de le nier et ne pas en faire mention serait une erreur grossière voire une faute. Comme, à l'inverse, il serait réducteur et même dangereux de se limiter à cette simple vision.

Nos massifs forestiers ont, dans certains secteurs de notre territoire, un rôle de protection. C'est le cas en zone de montagne ou en bord de littoral où, par l'action conjuguée des racines des arbres, la couverture végétale limite les risques d'éboulement de terrain en stabilisant les sols ou stoppe le recul de la dune en la fixant.

Nos bois ont globalement et incontestablement un rôle écologique et environnemental majeur. Ils sont les garants d'une diversité biologique, végétale et animale et, de ce fait, constituent des écosystèmes complexes en perpétuelle évolution dont dépendent plus d'un milliard et demi d'individus à travers le monde. Cette biodiversité forestière s'éteint à une allure folle, les scientifiques estimant que ce sont plus d'une centaine d'espèces animales et végétales qui disparaissent chaque jour dans les forêts tropicales !

Nos bois contribuent à assainir les eaux et à réguler le régime des crues. Les forêts, en diminuant l'effet de ruissellement, permettent un meilleur stockage. Les eaux ainsi retenues sont filtrées et dépolluées sous leur action biologique. Raisons pour lesquelles le forestier reste un élément essentiel de la chaîne, en ayant la connaissance des essences à régénération naturelle et progressive utiles à ce processus. Il intervient et favorise le maintien ou la création des ripisylves, des mares et autres tourbières ! Nos massifs forestiers sont ainsi de formidables réservoirs d'eau potable et des régulateurs thermiques naturels.

Nos bois influent également sur la qualité de l'air par le processus de la photosynthèse ou assimilation chlorophyllienne, l'arbre absorbant le dioxyde de carbone contenu dans l'air pour en rejeter de l'oxygène. Annuellement, un hectare de forêt assimile plus de 5 tonnes de carbone et libère plus de 10 tonnes d'oxygène.

Nos bois filtrent les poussières et les pollutions microbiennes provenant de l'activité industrielle, d'où leur rôle essentiel dans les villes. Les arbres de nos cités sont indispensables pour la purification de l'air, c'est en partie grâce à eux que la qualité de l'air peut s'améliorer en milieu urbain. Plus anecdotique, les bois, sous forme de forêt, de bande boisée ou de simple plantation d'alignement, atténuent les nuisances sonores générées par l'urbanisation, ils jouent le rôle de murs anti-bruit !

Les forêts ont aussi une fonction sociale et récréative de première importance. Dans notre société de consommation et d'immédiateté, elles sont devenues ce que nous nommons de façon quelque peu erronée des « poumons verts ». Expression imagée du langage populaire, mais néanmoins absurde dans le sens où un poumon ne capte pas de carbone atmosphérique pour rejeter de l'oxygène, c'est même tout le contraire ! Avec le développement des transports associé à l'augmentation du temps libre, les forêts sont, sans aucun doute possible, devenues des espaces de villégiature et de sérénité, en périphérie des grandes agglomérations. Plusieurs dizaines de millions de personnes les visitent chaque année, qu'ils soient des promeneurs contemplatifs, des professionnels de la forêt (bûcherons, forestiers, etc.), des mycologues, des botanistes, des dendrologues, des sportifs, des chasseurs ou de simples marcheurs.

Si, dans l'absolu, les fonctions sociales, environnementales et économiques de nos forêts semblent indissociables, dans la réalité l'équation reste beaucoup plus complexe à résoudre.

PARTIE 10

LA FORÊT, UN ANTISTRESS NATUREL AUTANT QU'UNE SOURCE D'INSPIRATION !

LA FORÊT, UN ANTISTRESS NATUREL AUTANT QU'UNE SOURCE D'INSPIRATION !

En évoquant précédemment les différentes fonctions de la forêt, j'ai volontairement omis de citer celles « d'antistress » et de « source d'inspiration », car je souhaitais y revenir plus longuement dans ce chapitre.

D'innombrables mythes, légendes ou récits, aussi divers que variés, réels ou imaginaires, ont été écrits sur nos forêts. Celles-là mêmes qui nous ont modelés tout comme elles ont façonné nos paysages, d'où les légendes qui ont catalysé nos angoisses et nos peurs. À l'origine peut-être, l'idée selon laquelle les forêts peuplaient déjà notre Terre avant même que naquisse l'humanité, d'où vraisemblablement la métaphore souvent utilisée « d'un océan vert sur une planète bleue » ! Rien d'étonnant non plus au fait que les premiers évangélisateurs détruisaient les bois sacrés des peuples qu'ils rencontraient, pour rompre avec des croyances ancestrales afin de mieux prêcher leurs convictions religieuses.

Notre inconscient a toujours associé nos forêts aux demeures traditionnelles des fées, des nains, des ogres et autres enchanteurs, ainsi qu'à des lieux dans lesquels s'affrontent les forces du bien avec celles du mal. Raisons pour lesquelles nous racontons toujours à nos enfants des histoires comme celles de l'ogre et du petit poucet ou encore du petit chaperon rouge, etc. Elles ont été aussi les ultimes lieux de refuge pour les proscrits, les brigands, les lépreux, qui pouvaient ainsi disparaître à jamais en se fondant dans leur immensité afin de se faire oublier. Plus tard pendant l'Occupation, elles accueilleront les maquisards et les protègeront de l'ennemi !

Nous fantasmons d'autant plus sur nos massifs forestiers que nous les méconnaissons et que leurs sous-bois restent, pour beaucoup d'entre nous, des lieux clos, étranges, fascinants voir intrigants. Cet environnement, qui, à la nuit tombée, se peuple de créatures inventées, dont seule l'imagination a le secret face aux ombres portées des houppiers de ses arbres. Ce lieu qui émet des bruits autant qu'il absorbe ceux venus de l'extérieur, qui génère des sons ou des craquements lugubres de nature à alimenter ses propres légendes et dont il est légitime de se poser la question de savoir s'ils n'émaneraient pas, en réalité, du chuchotement ou du langage des arbres qui communiqueraient entre eux ?

Un univers qui, à première vue, peut nous sembler hostile. Une sensation parfois accrue par cette brume ou par ce brouillard épais omniprésent qui semble nous engloutir et qui nous entraîne dans des rêveries presque mystiques à la limite de l'hystérie et de la peur. Cette brume qui, pourtant, n'est rien d'autre qu'un phénomène physique lié à l'évapotranspiration des forêts et qui est parfois tellement dense et présente qu'elle est à l'origine d'écosystèmes spécifiques connus sous les noms de « forêts de brumes » ou « forêts des nuages ».

L'arbre est souvent assimilé à un symbole. Par sa structure verticale, il est fréquemment comparé à un totem, cet objet rituel, emblématique des sociétés traditionnelles. De ce fait, il est perçu comme un lien entre le ciel et la terre, mais également comme un vecteur avec des esprits de la nature, voire même comme une passerelle avec le « monde du haut » en opposition avec le « monde du bas » dans lequel nous évoluons. Il incarne à la fois la force, la grandeur, la symétrie, l'harmonie, la sérénité, la longévité et la fécondité. Il symbolise à lui seul la vie avec ses différents cycles !

Selon une croyance celte, chaque arbre serait habité par un dieu, et chacun d'entre nous aurait sa propre correspondance avec son arbre-maître, son arbre de force ! À l'image des Celtes, les Romains les qualifiaient « d'axe du monde » ou de « support du ciel ». Les Grecs, eux, assimilaient le chêne à

« l'arbre de référence ». Plus proche de nous et dans un registre bien diffèrent, nos anciens nommaient le châtaignier « l'arbre du pauvre » ou « l'arbre à pain », qualificatif provenant de son fruit, la châtaigne, avec lequel on fabriquait de la farine, d'où l'expression de « pain du pauvre » en période de disette.

Par son enracinement mais surtout par l'énergie qu'il dégagerait, il symbolise pour beaucoup la puissance et la force à l'état brut ! Son écorce et son bois trahissent néanmoins une certaine sensibilité. On peut même aller jusqu'à évoquer le terme de sensualité tellement il nous invite à le toucher, à l'effleurer, à le caresser ou plus simplement à le regarder avec tendresse.

La forêt peut indifféremment être perçue comme un endroit de détente, un lieu de ressourcement propice à la méditation ou un espacc chargé d'énergie et de vibrations positives.

Dans notre monde occidental, cette « croyance originelle » venue d'Asie a donné naissance à des pratiques comme la sylvothérapie ou arbrothérapie. Elles consistent en une immersion en forêt, dans le but d'entrer en connexion avec l'énergie des arbres et d'en ressentir son flux. La technique consiste à enlacer très fort les troncs avec les bras et à les câliner, comme nous le ferions avec nos congénères, afin d'améliorer notre bien-être en captant si possible leur énergie vitale positive ! Une des explications rationnelles à cette pratique résiderait dans le constat selon lequel les arbres contiendraient une grande quantité d'ions négatifs et qu'à leur contact le corps se nettoierait de ses toxines électromagnétiques, ce qui se traduirait par une amélioration notable du moral. Fiction ou réalité, il appartient à chacun d'en juger et de s'en faire sa propre idée.

Au pays du soleil levant, notamment dans la pratique du taoïsme et des arts martiaux, le « zhan zhuang » est l'art de se tenir debout sans effort, en référence à la posture de l'arbre, idéalement ancré. De tout temps, les arbres ont été considérés comme des guérisseurs ou plutôt, devrais-je dire, reconnus utiles à la prévention de la santé. Selon le tao qui signifie

« la voie », « l'axe central » ou le lieu duquel « tout part et tout revient », les arbres sont nos « amis silencieux ». Ils exerceraient sur nous une attraction naturelle, nous offriraient une sensation d'accompagnement et possèderaient différents pouvoirs de nature à améliorer, ou plus exactement à protéger, notre santé.

Je vous en livre quelques exemples :

*Les pins, considérés dans les cultures chinoise et japonaise comme des arbres immortels du fait qu'ils ont un pouvoir de régénération très important, renforceraient le système nerveux et amélioreraient la circulation sanguine.

*Enlacer un cyprès permettrait de réduire la chaleur corporelle et donc d'atteindre une plus grande sérénité intérieure.

*Les saules réguleraient l'hydratation du corps.

*Les ormes auraient un effet apaisant ainsi qu'un impact sur l'estomac.

*Les érables nettoieraient des pensées négatives et atténueraient les douleurs d'ordre physique.

*Les bouleaux seraient d'excellents nettoyeurs de l'organisme. La sève récoltée par incision de l'écorce aurait, quant à elle, la faculté de le stimuler et de le détoxifier.

*Les acacias auraient un effet sur le cœur en l'aidant à diminuer sa température.

*Les sapins, de façon générale, réduiraient les gonflements ou les ballonnements et contribueraient à la guérison des fractures osseuses.

Mais attention, ces pratiques ne sont pas sans danger en termes de risques induits, il convient à ce titre d'être précautionneux pour s'y adonner ! En effet, des lichens présents sur les écorces de certains arbres peuvent contenir des substances allergènes et leurs anfractuosités sont susceptibles d'accueillir des insectes parfois indésirables. À l'image de certains pins ou chênes qui sont des hôtes privilégiés pour des chenilles processionnaires très urticantes qui se nourrissent de leurs aiguilles ou de leurs feuilles pour évoluer.

Un monde attirant et fascinant qui conserve sa part de mystère pour le commun des mortels, aux portes de nos habitations et de nos lieux de vie. Un sanctuaire qui ne demande qu'à se laisser découvrir pour mieux dévoiler ses secrets ! Néanmoins, pour percer son mystère, il nous faudra rester humble et sincère dans notre démarche et progresser doucement dans le respect de ce lieu de paix et de sérénité ! Nos forêts sont des espaces peuplés d'êtres vivants qu'il nous faut impérativement respecter. Elles rythment nos saisons et elles agrémentent nos promenades en nous offrant à chacune d'elles le spectacle de ses paysages en perpétuel renouveau, avec leurs cortèges de couleurs, d'odeurs, de produits et de fruits. Sans oublier la flore et la faune dans toute leur diversité.

Les arbres sont les témoins de la vie et de notre passage sur cette terre. Ils sont aussi les juges de ce que nous sommes ou avons été et probablement de ce que nous deviendrons.

Quelles que soient sa nature et sa composition, la forêt restera, à n'en pas douter, un lieu d'ancrage et de réflexion sur lequel le temps à l'échelle humaine n'aura aucune prise, car trop incertain. Autant de raisons qui font que les forêts et les arbres qui la composent sont, depuis toujours, des sources d'inspiration et de croyances multiples.

L'arbre, de ce fait, a souvent accompagné la tradition et la création littéraire.

Petit clin d'œil particulier pour Jean de La Fontaine dont le père était maître des Eaux et Forêts et dont il reprendra la charge. Un auteur qui, à sa façon, a su transcender et sublimer la Nature dans beaucoup de ses fables.

La forêt représente, comme je l'ai évoqué plus en amont, un lieu de fascination pour les grands comme pour les petits, avec des contes indémodables et des légendes hors du temps. Parmi eux, *Blanche Neige et les sept nains* qui vivaient et travaillaient en forêt, *Le Petit Chaperon Rouge* qui traversait les bois pour rendre visite à sa grand-mère, *Les Trois Petits Cochons* qui construisaient leur maison pour se protéger des assauts du grand méchant loup, *Robin des bois* le brigand au grand cœur qui vivait caché au milieu de la forêt de Sherwood et qui redistribuait aux pauvres ce qu'il prenait aux riches, etc. Chacune de ces histoires met en scène des héros légendaires et situe son récit en forêt, tel un décor qui ajoute du mystère et de la poésie au texte !

La forêt mythique de Brocéliande, souvent associée à celle existante de Paimpont, étrange s'il en est, reste dans l'inconscient collectif la demeure de Merlin l'Enchanteur et de la fée Viviane. Encore aujourd'hui, elle est indissociable des aventures des chevaliers de la Table Ronde et très présente dans les esprits.

Rousseau, sur un plan plus littéraire, considérait la forêt comme un refuge mais aussi et surtout comme le lieu permanent de ressourcement dans lequel se trouvait la porte pour « entrer en contact avec soi-même ». Pour Baudelaire et Théophile Gaultier tout au contraire, les bois étaient assimilables à des lieux de peurs et d'angoisses qui, selon eux, révélaient les bas instincts de la nature humaine. Par la suite, Lamartine lui rendra un vibrant hommage avec les *Méditations Poétiques* et notamment avec le poème *Automne* qui commence ainsi : « Salut ! bois couronnés d'un reste de verdure ! Feuillages jaunissants sur les gazons épars ! Salut, derniers beaux jours ! Le deuil de la nature. »

Victor Hugo dans son recueil de poèmes *Les Contemplations* publié en 1856, utilisera souvent la forêt comme un lieu de recueillement et de souvenir. À l'image des poèmes *Aimons toujours ! Aimons encore.* dans lequel il écrit, je cite ; « Les arbres croissent en feuillage ; Que notre âme croisse en amour », ou encore dans *Aux arbres* dans lequel on peut lire « Arbres de nos forêts, vous connaissez mon âme » et qui se conclut par « C'est sous votre branchage auguste et solitaire, Que je veux abriter mon sépulcre ignoré, et que je veux dormir quand je m'endormirai. »

Ou encore Paul Eluard qui dans son poème *La mort, l'amour la vie* dit, je cite : « La forêt donne aux arbres la sécurité ».

Certaines forêts célèbres sont devenues indissociables de la littérature à l'image de celle de Fontainebleau. Georges Sand en fit le théâtre de sa vie, mais aussi celui de son œuvre en y mêlant intimement ses liaisons amoureuses et ses romans.

Pour terminer en beauté cette furtive mais non exhaustive balade bucolique à caractère littéraire, j'aimerais citer pour mémoire le chef-d'œuvre d'Alain Fournier, *Le Grand Meaulnes*. Ce roman qui porte le surnom de son héros et qui reste associé à « la forêt des mille poètes » à Vesdun dans le Cher, une chênaie plantée en 1994 de 1200 chênes dans laquelle, tous les cent arbres, une stèle en marbre rend hommage à un artiste, un poète ou un écrivain disparu. Parmi eux, Max Jacob, Aristide Briand, Chopin, Georges Sand et bien sûr Alain Fournier. Une initiative unique en son genre, à la fois originale et poétique, sublimée par le décor et la sérénité qu'offre une forêt.

L'arbre est tout aussi présent dans la création artistique.

Entre l'art et l'arbre, il y a toujours un artiste porteur de sa culture, de son vécu, de son histoire, mais surtout de sa vision de la vie et de ses rêves. Certains d'entre eux sont porteurs d'une souffrance, d'autres d'une parole face aux dangers qui menacent nos forêts et leurs arbres. Ces angoisses, ces souffrances même peuvent s'exprimer de multiples façons, que ce soit par l'écriture comme nous venons de le voir, mais aussi par la peinture, la photographie ou la musique. L'arbre et l'art ont été l'un pour l'autre des sources d'inspiration réciproques.

La peinture l'a assimilé à la connaissance, à la vie, en le percevant comme axe du monde. Une symbolique inspirante pour les peintres qui l'ont utilisé seul sur la toile comme pièce principale ou sujet de l'œuvre, inséré dans une composition en tant que décor, ou tel un élément autour duquel s'organise le paysage. Les plus grands noms s'y sont essayés, à l'image de Van Gogh, Bonnard, Poussin, Cézanne, Signac et bien d'autres sans omettre Camille Corot qui fut probablement celui qui en a représenté le plus.

Thématique aussi très prisée par les photographes ou les cinéastes, fascinés par son architecture, sa structure ou ses couleurs évolutives. Beaucoup de livres ont été édités sur cette thématique de la forêt ou de l'arbre, et, de façon plus confidentielle, sur les écorces.

Quant à la musique, elle s'en est souvent inspirée quel que soit son style, classique, moderne, jazz ou contemporain. Beaucoup de compostions ont été réalisées à partir de sons ou de bruits issus de la nature, qu'ils proviennent du monde végétal ou animal. Le vent, la pluie, l'orage, eux aussi, sont des éléments très inspirants et largement utilisés dans la musique dite relaxante ou méditative. Quelques rares musiciens contemporains ont même été jusqu'à créer des musiques à partir d'instruments sculptés dans du bois massif, qui résonnent par de simples caresses des mains à l'image du vent sur des matériaux naturels. Cela donne naissance à des expériences sonores envoûtantes.

Certains autres artistes, plasticiens ou conceptuels, perçoivent dans l'arbre un rapport sensuel ou charnel avec l'homme, cherchant dans leur représentation des expressions figuratives ou des apparences telles que des visages, des seins, des mains, des corps enlacés, etc., qui s'offriraient à eux dans le creux des écorces. Une quête de figuration dans une abstraction pourtant bien réelle.

Sur un plan plus personnel, l'homme au travers de l'artiste que je suis devenu aura tenté, sans prétention aucune, de réaliser la synthèse de toutes ses réflexiosns et de faire le bilan de son parcours au regard de ses propres expériences de vie, qu'elles soient personnelles, professionnelles, intellectuelles ou artistiques. Pour ce faire, j'ai tout d'abord posé de façon bien chaotique les pavés sur le bord de ce que je pensais être mon chemin. Par la suite, j'ai essayé tant bien que mal de les organiser afin de matérialiser au mieux ma propre voie. Un travail de création dans lequel transparaissent, tout du moins j'ose l'espérer, ma sensibilité, mes émotions, mes doutes, mes inquiétudes mais avant tout, mon amour immodéré pour dame Nature.

Je réalise des créations qui se veulent, avant tout, sobres, épurées, intimistes qui me ressemblent ! Cette démarche à la fois intellectuelle, artistique et spirituelle me permet de rester fidèle à mes engagements humains et professionnels, ainsi qu'à mes convictions les plus profondes. En m'investissant dans la protection de nos forêts traditionnelles et paysannes, j'ai toujours eu le sentiment d'œuvrer positivement en faveur de nos paysages. Eux qui sont notre identité, autant que les fondements de notre ruralité !

Cette ruralité dont j'ai parlé plus en amont en tentant de lui donner une définition. Elle qui reste indissociable et spectatrice de l'évolution de l'homme !

PARTIE 11

FORESTIER, UN MÉTIER EN PÉRIL

FORESTIER, UN MÉTIER EN PÉRIL

N'est-ce pas le rôle du forestier en général, et plus particulièrement de celui officiant pour l'État, de gérer la forêt en bon père de famille, afin qu'elle soit pérenne et en capacité d'assurer toutes les fonctions qui sont les siennes et dont je viens de citer quelques exemples ?

En contrepartie d'utiliser les ressources à son profit pour croître et se développer, la forêt nous rend, ainsi qu'à notre environnement, de très précieux services, sans lesquels notre survie serait définitivement remise en cause !

L'actuel modèle de gestion de nos forêts, la pression foncière à laquelle elles sont constamment soumises, les modes de leur exploitation à court terme par le système des coupes rases suivies de plantations successives après défrichement, leur enrésinement sournois mais néanmoins en constante progression sont autant de paradoxes qui contribuent à la négation de ce métier de forestier, dans ce qu'il a de plus noble et de plus respectable. Remarque que reprend Francis Hallé, dans la préface qu'il m'a écrite, lorsqu'il dit partager mes inquiétudes sur les menaces qui pèsent sur l'éthique du métier de forestier, allant jusqu'à dire qu'il serait actuellement en péril !

Mais n'y aurait-il pas justement dans ce comportement, si nous nous replaçons dans le contexte économique actuel, une volonté délibérée de mettre un terme définitif à la gestion de nos forêts par des forestiers d'État afin de mieux la transférer au secteur privé ? À l'image de la maîtrise d'œuvre en matière d'aménagement du territoire et de reboisement, éminent savoir-faire de l'administration, qui avait définitivement été transféré au secteur privé lors de la mise en place de la révision générale des politiques publiques, la fameuse RGPP, au motif que l'Administration, dans ses missions, n'avait pas ou plus vocation à concurrencer le secteur privé. Cette réforme de fond, commencée en 2007 puis remplacée en 2012 par celle de la modernisation de l'action publique, la MAP, constituent à elles deux probablement les prémices de ce que nous sommes en train de voir se concrétiser aujourd'hui !

Cette atteinte manifeste à l'intégrité de nos espaces naturels, associée à leur fragmentation, pèse lourd sur la biodiversité. Raison pour laquelle la surface totale des milieux naturels terrestres diminue en France métropolitaine. Cette fragmentation des milieux est défavorable pour de nombreuses espèces, en cause la faiblesse des surfaces qui leur sont encore accessibles, l'isolement qu'elle provoque, et le cloisonnement induit qui isole les espèces entre elles !

Un métier exigeant quantitativement et qualitativement, que j'ai exercé avec abnégation, passion et courage parfois, durant plus de quarante ans. Il aura su m'enseigner des valeurs humanistes en m'apprenant à relativiser beaucoup de choses, partant du constat que le « temps des forêts », n'est pas le « temps de l'homme ».

Malgré quelques errances, échecs ou erreurs de parcours, il a été l'initiateur d'immenses joies dans un environnement de rêve et de beauté naturelle. Un espace de vie et des conditions de travail, en toute liberté, que je souhaite à beaucoup de monde, un véritable bureau à ciel ouvert.

Un métier qui m'a choisi plus que je ne l'ai fait et que j'ai honoré dans l'esprit de celles et ceux qui me l'ont transmis à l'image d'un relais, pensant qu'à mon tour, le jour venu, j'aurai cette fierté de transmettre, ce à quoi je m'étais préparé. Malheureusement, ça n'aura pu être le cas, du fait probablement de l'arrivisme obsessionnel des hommes en charge des responsabilités, de leur manque d'anticipation et/ou de clairvoyance, mais aussi et surtout de leur volonté effrénée de tout maîtriser, pour ne pas dire museler, afin que rien ne puisse leur échapper et que tout, absolument tout, soit sous leur contrôle ! ! Ce qui exclut de fait toute idée de transmission ou de partage des connaissances.

Aujourd'hui, l'Administration ne fonctionne plus de façon cohérente et il n'y a plus d'uniformité au niveau de notre territoire national. Certains petits décideurs, qu'ils relèvent de l'administration d'État, de l'administration territoriale ou qu'ils soient de simples élus, ne cessent d'adapter et d'interpréter localement les lois de la République afin de satisfaire leur égo, d'étancher leur soif de pouvoir ou d'autorité ou plus simplement de nourrir les intérêts ponctuels des uns ou des autres à des fins bassement politiques et électoralistes, de montrer qu'ils sont détenteurs d'un pouvoir et que, à loisir, ils peuvent en user ou en abuser pour tenter d'influer sur les décisions !

Cette façon de procéder au coup par coup, en fonction des opportunités ou des individus, conduit inéluctablement à une gestion catastrophique de notre territoire, mais surtout à un traitement inégalitaire des hommes et des dossiers. Il en résulte des décisions parfois arbitraires ou dérogatoires qui divisent et opposent les personnes et/ou les filières entre elles. Elles sont, sans aucun doute possible, à l'origine de la démobilisation des personnels de la fonction publique et de la mise en danger des fonctionnaires en charge des procédures, notamment de celles et ceux qui ont des pouvoirs de police et qui sont quotidiennement au contact des populations.

Il ne peut y avoir de droit sans règlementation, et pas de réglementation sans une police pour la faire respecter. Or aujourd'hui, il n'y a plus cette volonté de faire respecter le droit en matière environnementale. Dans la postface de mon précèdent livre, un ancien juge écrivait : « parmi les droits-victimes, je cite souvent l'environnement, car il est le plus fragile des droits, celui dont la violation fera le moins de bruit ». Rien d'étonnant donc au fait que les fonctionnaires en charge de la police des forêts, dont je faisais partie il y a encore peu de temps, ne bénéficient d'aucune protection et surtout pas de celle qui leur est due et qui est nécessaire au bon fonctionnement de leurs missions !

Alors, quand je me remémore les discours enflammés et les grand-messes de mon ministère, relayés à grand coup de réunions par une hiérarchie aux ordres, sur les risques psychosociaux, sur la nécessité d'établir des

« fiches incidents » aux moindres comportements ou attitudes jugées agressives ou suspectes, et ce dans l'optique d'une meilleure protection et d'une meilleure prise en compte du bien-être des agents, je ne peux, une fois de plus, m'empêcher de faire un parallèle avec ce que j'ai énoncé plus en amont et de me dire que tout est dans l'effet d'annonce mais que malheureusement la réalité est tout autre !

On aurait pu penser, à juste titre, que le double assassinat de nos collègues sur la commune de Saussignac en Dordogne le 2 septembre 2004 par un agriculteur aurait fait évoluer la politique de gestion des risques, provoqué un changement dans la mentalité de nos responsables et que des mesures concrètes de protection des agents auraient été prises. Malheureusement, ce ne fut pas le cas. Une fois que le rideau de l'émotion fut retombé et après que quelques plaques commémoratives furent inaugurées solennellement, tout est redevenu comme avant. Les mesures annoncées n'auront été que des feux de broussailles rapidement éteints.

Malgré tous ces dysfonctionnements administratifs ou techniques, le plus souvent à l'initiative d'un petit nombre d'individus isolés et manipulateurs, et le plus souvent détenteurs de l'autorité, ce métier de forestier au service de l'État aura su, en retour de mon total investissement, me procurer un réel bonheur et une harmonie de vie. Même si je dois reconnaître que mon engagement et mes convictions auront été, à n'en pas douter, des freins à ce qu'il est coutume de nommer un déroulement de carrière. Mais peu importe, car, dans l'absolu, que peuvent bien représenter une carrière, un avancement, quelques points d'indice, quelques euros ou un statut social, face à l'intégrité des convictions dans un projet de vie global ?

Raison pour laquelle je n'ai jamais voulu mettre les clefs de mon bonheur dans la poche de quelqu'un d'autre et que j'ai tout autant assumé mes réussites que mes échecs et mes erreurs. Elles furent nombreuses dans mes débuts par méconnaissance des « us et coutumes », par naïveté parfois, ignorance souvent, crédulité, faiblesse ou simple effet miroir face une réalité bien établie !

Lorsque, avec le temps, j'ai affiché clairement mes convictions et mes idées, que j'ai pris la décision d'exposer ma peinture, puis par la suite de publier mon premier livre alors que j'étais encore en activité, les critiques furent vives. J'ai, dans ces moment-là, pris toute la mesure de ce que sont la jalousie, l'hypocrisie et la méchanceté. Attitudes qui se sont, depuis, transformées en solides inimitiés et en farouches adversités.

Le système actuel, de manière consciente ou non, je ne saurais le dire, se fait complice de ce type de dérives comportementales en laissant impunis les auteurs de ces faits ! Des manières d'être normales et désormais coutumières dans un monde qui se veut aseptisé, formaté et dans lequel aucune tête ne doit dépasser sous peine d'être « élaguée » pour rebondir avec humour sur un terme forestier !

Être soi-même dérange, car cela résonne aux oreilles de la plupart des autres personnes comme le son de leurs propres faiblesses, en les mettant face à leurs comportements, à leurs attitudes ou à leurs ambiguïtés.

Je viens de vous évoquer, en quelques lignes, les raisons principales de mon engagement. Elles sont d'ordre personnel, professionnel, spirituel ou artistique. Je les ai toutes mises, d'une manière ou d'une autre, au service de la Nature, de notre environnement ou de nos forêts traditionnelles et paysannes. Une cause que je considère comme relevant de l'intérêt général et qui devrait être de portée nationale.

Engagement qui, je l'espère, m'accompagnera et m'animera avec autant de conviction et de fougue tout au long de mon parcours de vie.

T.CHUBBUCK SPRINGFD

PARTIE 12

UNE PÉRIODE CHARNIÈRE POUR NOS FORÊTS

UNE PÉRIODE CHARNIÈRE POUR NOS FORÊTS

La forêt telle que nous la connaissons aujourd'hui se situe à une période charnière, voire cruciale, de son existence. C'est ensemble que nous allons devoir négocier un virage dangereux, en épingle à cheveux. Soit nous serons en capacité de conserver la bonne trajectoire et ainsi nous éviterons la sortie de route. Dans le cas inverse, l'accident sera inévitable pour ne pas dire catastrophique et les conséquences seront irréversibles et dramatiques !

Un choix cornélien qui se présente à nous, dans lequel deux philosophies s'opposent :

– la première qui consiste à réellement prendre conscience de la diversité et de la biodiversité de nos forêts traditionnelles et, par voie de conséquence, de l'obligation que nous avons de les pérenniser pour les générations futures, mais aussi de les gérer dans l'intérêt général. Une gestion raisonnée et durable à court, moyen ou long terme, avec l'idée sous-jacente de transmission, dans laquelle il nous faudra désormais intégrer les nouvelles connaissances dont je vous ai précédemment parlé ;

– la seconde, diamétralement opposée qui, malgré ce constat évident, maintient sa posture et y reste, prétendant que l'aspect environnemental, tout en ayant droit de cité, doit s'effacer devant les nécessités et les besoins économiques du moment. Raisonnement fondé sur le concept de l'immédiateté qui fait abstraction de ce que sera ou pourrait être le futur. Une vison court-termiste et égoïste à l'image de l'évolution de notre société.

De très nombreuses voix s'élèvent désormais pour attirer l'attention sur les dangers auxquels nos forêts, et plus largement d'ailleurs l'ensemble de nos massifs forestiers, vont devoir faire face. Je fais référence ici à la déforestation, aux coupes rases suivies de défrichement, à la surexploitation des taillis par la filière bois énergie et notamment ceux de châtaigniers, aux reboisements généralisés de conifères, aux incendies à répétition, à l'urbanisation irraisonnée, au dépérissement de nos bois, etc. Malheureusement la liste est loin d'être exhaustive !

Ces lanceurs d'alertes émanent d'un panel de gens très disparates, issus de la société civile, de la communauté scientifique mais également des simples citoyens que nous sommes tous. J'ai pu constater cette réelle inquiétude à l'occasion d'échanges dans chacun des débats que j'ai eu le plaisir et l'honneur d'animer, suite à la projection du film *Le temps des forêts*. Tous ces messages, toutes ces prises de position ont comme seul et unique objectif de dénoncer le système économique actuel. Il est indéniablement au service et entre les mains d'un petit nombre d'individus étroitement liés et/ou inféodés au monde de l'industrie, de l'économie ou du tourisme. La seule finalité est de spéculer sur le dos d'une ressource naturelle, pourtant vitale pour la survie de l'espèce humaine. Un comportement tout aussi vénal qu'immoral, qui, à court terme, sera lourd de conséquences, si par malheur la prise de conscience ne s'accélère pas.

Quant à la proposition faite par l'écologie politique, elle ne me semble pas du tout adaptée aux enjeux et à l'urgence de la situation. Celles et ceux qui prétendent l'incarner sont déjà trop impliqués dans le système politico-économique actuel, et le plus souvent issus des rangs des partis qualifiés de traditionnels. Certains, par ce nouveau positionnement désormais porteur, espèrent se refaire une virginité. Notre avenir environnemental ne mérite-t-il pas mieux que ces gens-là pour porter haut ses couleurs ?

Nos forêts traditionnelles, avec cette analyse et hypothèse pessimistes pour les uns mais tellement réalistes pour les autres, seraient vouées à disparaître à très court terme et irrémédiablement remplacées par des boisements artificiels dont l'objectif principal deviendrait la production exclusive de bois formatés et standardisés. Une politique forestière malléable à souhait, au seul service de l'industrie, et principalement de celle de la trituration, de la construction, du transport et de la filière bois énergie.

Des secteurs en pleine expansion pour des raisons conjoncturelles et structurelles, qui nécessiteront et concentreront, à l'avenir, d'énormes volumes de bois. Il en résultera des exploitations qui ne tiendront aucunement compte de la capacité et de la spécificité de nos forêts, qui ne valoriseront plus la qualité des produits exploités, privilégiant la quantité à la qualité, et qui, par voie de conséquence, déprécieront la valeur des bois et nivelleront les prix vers le bas ! N'est-ce pas déjà le cas aujourd'hui avec nos « bois ronds », fleurons de nos forêts, qui partent vers la Chine, l'Inde ou le Pakistan, pour y être transformés et nous revenir sous forme de produits finis ?

Ce terme de « bois rond » définit les bois de qualité, abattus et façonnés avant toute transformation, comme les grumes qui correspondent aux troncs coupés, ébranchés mais non écorcés.

Un exemple significatif pour illustrer mon propos sur la surexploitation de nos bois au seul profit d'une filière : la centrale biomasse de Gardanne.

*Elle utilisera 850 000 tonnes de bois par an. La moitié de ses besoins proviendront de coupes de bois situées dans un « bassin d'alimentation » compris dans un rayon de 250 kilomètres autour du site. Quant à l'autre moitié, elle résultera de l'importation de bois venus d'Espagne et du Brésil. Une ineptie et un total contresens au regard du bilan carbone, lorsque l'on prend en considération le mode d'exploitation ainsi que le transport des bois et le rejet des cheminées. En effet, celles-ci émettent des fumées hautement chargées en particules fines avec un taux élevé de dioxyde de carbone, plus connu sous le nom de gaz carbonique, le fameux CO_2.

Dans un avenir proche, la programmation des coupes et l'exploitation des bois se feront sur des rotations de plus en plus courtes afin de satisfaire les investisseurs, pour la plupart d'entre eux étrangers au monde de la forêt, et dont le seul objectif sera à court ou moyen terme d'obtenir le meilleur retour sur investissement pour eux-mêmes ou pour leurs actionnaires. La production de bois, dans cette optique, sera uniquement perçue comme un placement financier et gérée comme il se doit. Tout sera mis en œuvre pour qu'il soit le plus attractif et rentable possible. L'abaissement des délais d'exploitation, déjà opérationnel, fait partie de cette stratégie de rentabilité à court terme au même titre que les différents avantages fiscaux déjà consentis !

Dans cette logique économique, les arbres n'auront plus le temps d'atteindre leur âge de maturité, ils ne seront donc plus en capacité de se régénérer naturellement, ainsi sera-t-il mis un terme à la pérennité des peuplements actuels. Cette nouvelle flexibilité constituera une porte ouverte quant au futur choix des essences, une magnifique opportunité pour promouvoir les enrésinements massifs ainsi qu'une aubaine pour répondre aux besoins de l'économie !

La filière bois, en région Nouvelle-Aquitaine a déjà clairement annoncé son objectif dans un article paru dans un grand journal régional, en posant les jalons de sa future politique forestière et en expliquant vouloir réduire de façon drastique le nombre d'essences principales dans nos forêts à quatre. Chacune d'elles correspond effectivement à une demande actuelle de l'industrie. Les essences locales actuellement présentes seront au mieux maintenues pour servir d'alibi à une gestion durable, au pire elles seront progressivement éliminées sous des prétextes fallacieux. Comme par exemple celui du dépérissement irréversible, lié au changement climatique, même si celui-ci a, dans bien des cas, une part de responsabilité indéniable. Argument actuellement déjà largement mis en avant en Dordogne, pour justifier de l'éradication de quelques milliers d'hectares de taillis de châtaigniers « dépérissants » afin de les convertir en plantations d'alignements de pins.

Cette façon de procéder, associée au mode de gestion que je viens d'évoquer, repose sur une logique intellectuelle et une vision du futur copiée sur celle mise en place par l'économie ultralibérale au service exclusif du monde de la finance.

Ce système, dans le domaine forestier, encourage les reboisements artificiels de conifères, plus rentables sur le court terme. Il légitime et facilite, sans que cela soit clairement explicité, l'utilisation de produits peu respectueux de notre environnement. Il faut savoir qu'aujourd'hui ce sont plus de soixante-dix pesticides et herbicides qui sont tolérés et couramment utilisés en forêt. Dans le massif des Landes de Gascogne, qui compte un million d'hectares de plantation de pins, le glyphosate est encore utilisé pour « nettoyer » la forêt après coupes rases afin d'éliminer toute concurrence et de faciliter la pousse de leurs jeunes plants, ce produit étant un herbicide total foliaire systémique, c'est-à-dire un produit non sélectif qui détruit la plante par contact avec le feuillage !

Il aura fallu attendre 2017 pour que son usage soit interdit pour l'entretien des espaces verts et dans les espaces publics et ce n'est qu'en 2019 que l'Office National des Forêts annoncera l'abandon de l'usage d'herbicides, insecticides et autres fongicides dans les forêts publiques.

Petit rappel et définitions pour une meilleure compréhension :

- un pesticide est une substance utilisée contre la lutte d'organismes considérés comme nuisibles. Terme générique qui englobe à la fois les insecticides, les herbicides, les fongicides et les parasiticides ;

- un insecticide est une substance active ayant la propriété de tuer les insectes, leurs larves et/ou leurs œufs ;

- un herbicide est une substance active ayant la propriété de tuer les végétaux. On emploie souvent à cet effet le terme de désherbant ;

- un fongicide est une substance active ayant la propriété de limiter ou d'éliminer le développement des champignons ;

- un parasiticide est une substance active ayant la propriété de détruire les parasites.On utilise souvent le terme de produit antiparasitaire.

Il faut, de plus, savoir que l'utilisation de certains de ces produits est même reconnue comme une pratique durable par certains labels qui sont en charge de la certification de la plupart des forêts françaises, ce qui est, évidemment, un comble !

Quant à l'exploitation forestière proprement dite, telle qu'elle semble se profiler, il apparaît comme évident qu'elle favorisera et incitera à outrance l'emploi de machines le plus souvent surdimensionnées et inadaptées, provenant des pays nordiques. Je dis inadaptées, car ces machines sont prévues pour des diamètres de bois correspondant à ce qu'ils sont capables de produire sous leur latitude, mais manifestement pas à ce que l'on produit en France. Nos bois étant plus gros, notamment les « bois ronds », dont j'ai précédemment parlé, nous n'avons plus les machines pour les exploiter ni les industries pour les transformer. C'est une des raisons pour lesquelles nous les coupons plus précocement, avant qu'ils n'atteignent des diamètres rédhibitoires. Ces mêmes machines accéléreront la dégradation des sols forestiers par des passages intensifs et successifs plus réguliers et contribueront, par voie de conséquence, à leur appauvrissement, comme je l'ai précédemment explicité.

Une catastrophe annoncée, qui semble inévitable, et contre laquelle un grand nombre de citoyens de la société civile s'insurgent, mais qui ne semble nullement effrayer ni même émouvoir nos dirigeants en charge des responsabilités ! Chaque jour qui passe voit son lot d'effets d'annonce qui malheureusement ne sont que de la poudre aux yeux ou des écrans de fumée de nature à masquer la réalité des faits. De la propagande faite à grand coup de publicité et, dans le même temps, contredite par des propositions d'amendements ou des allégements permettant de déroger aux lois déjà existantes, la dérogation étant le terme qui désigne à la fois l'action et le résultat permettant de faire exception à une règle, une loi, un traité, etc.

PARTIE 13

PERSPECTIVE D'AVENIR !

PERSPECTIVE D'AVENIR !

Sans cet interventionnisme intempestif de l'homme qui a tendance à se considérer comme indispensable, mais surtout à se prendre pour un être supérieur, la forêt, sous réserve qu'on lui laisse le temps de croître et de se régénérer, dispose de tout ce dont elle a réellement besoin pour évoluer et prospérer seule, au rythme qui est le sien. C'est ce que nous nommons « le temps des forêts » en référence au film dont j'ai précédemment évoqué l'existence. Un temps qui est bien différent de celui de l'espérance de vie humaine !

Actuellement, de plus en plus de voix s'élèvent et l'on ne compte plus le nombre de livres, de reportages, de documentaires, de conférences, de débats, qui sont proposés au grand public sur cette thématique environnementale.

Chacun essaye, avec les moyens dont il dispose en matière de connaissance, de compétence, voire de bonne volonté, d'apporter sa pierre à la construction de l'édifice qui viendra en protection de nos forêts, afin de les défendre contre des assauts répétés et les coups de butoir incessants.

Des attaques répétitives émanant de celles et ceux qui ne voient en elles qu'une ressource minière et qui ne se soucient guère de leur devenir ou de celui de leurs enfants. Une vision tronquée de la vie et de l'avenir de son prochain, basée sur la seule perspective d'un profit à court terme, dans ce monde de « l'argent roi », de l'égoïsme et du chacun pour soi !

Cette cause environnementale m'est vraiment chère, pour ne pas dire vitale. Je lui aurai consacré, sans aucun regret bien au contraire, une grande partie de ma vie et la quasi-totalité de mon activité professionnelle au détriment de mon avancement de carrière.

Aujourd'hui, c'est au travers de mes engagements artistiques et humains que je souhaite agir, que ce soit sous couvert de mes peintures, de mes installations militantes, de mes livres ou de mes débats ! L'objectif est d'être présent et d'occuper le terrain du débat d'idée !

Il devient urgent que tous les efforts et toutes les forces convergent de façon que chacun d'entre nous puisse accéder à la connaissance et disposer de l'information nécessaire pour se forger sa propre opinion.

Il ne s'agit nullement de convaincre qui que ce soit, mais simplement d'informer, l'éducation étant, me semble-t-il, la meilleure des façons pour rendre les gens autonomes et critiques !

Nous devons œuvrer pour le sens commun et non de façon dispersée. Et non ! l'intérêt général n'est pas, comme me le spécifiait un jour un élu, la somme des intérêts privés de ses administrés !

Il en va, dans ce contexte, de la survie de ce bien national et patrimonial qu'est la forêt.

C'est ensemble que nous devons agir pour transmettre ce patrimoine humain et culturel à nos enfants et petits-enfants, pour un monde meilleur doté d'un air respirable !

Même si cela n'est pas chose aisée, si c'est, pour l'heure, un peu le pot de terre contre le pot de fer, il faut continuer à occuper le terrain et notamment celui de l'information. Expliquer encore et toujours les enjeux à venir et ce de la façon la plus pédagogique, la plus claire et la plus courtoise qu'il soit. Ensuite, à chacun d'agir ou non, en son âme et conscience, mais cette fois en connaissance de cause !

Si les tenants actuels du système refusent ce débat contradictoire que nous sommes nombreux à réclamer, et s'ils deviennent agressifs, comme cela semble parfois être le cas alors même que le rapport de force semble encore être en leur faveur, c'est manifestement qu'ils sont déstabilisés et que, peut-être, le travail d'information que nous menons les uns et les autres commence à porter ses fruits. L'agressivité n'est-elle pas l'arme des faibles ? Raison de plus, pour continuer de porter à la connaissance du public une information technique, objective et dénuée de tout intérêt financier ou partisan.

Depuis la sortie de mon précèdent livre, les quolibets et les tentatives d'intimidation personnelle se sont multipliées et ce parfois de façon inattendue. Néanmoins, ce que j'en déduis me conforte dans le constat de l'impossibilité que peuvent avoir les détracteurs à convaincre par l'échange courtois et le seul dialogue ; et pour cause, ils sont tout à fait conscients de leurs agissements ! Ce qui par contre me dérange fondamentalement, c'est de savoir que certains forestiers parfaitement compétents et disposants de tout le savoir actuel mettent cette connaissance au service d'une politique forestière désastreuse. Il n'y a rien de pire, selon moi, que la compétence au service d'une mauvaise cause.

L'espoir repose désormais sur les générations futures qui, j'ose l'espérer, seront plus vigilantes et plus responsables que nous ne l'avons été, d'autant qu'ils disposeront des connaissances nouvelles dont j'ai parlé dans un précédent chapitre.

Une prise de conscience est, de toute évidence, en train de s'opérer. Des associations, des syndicats, des groupements forestiers, des individus, des professionnels du bois, des collectivités, certains élus réfléchissent à une gestion plus responsable et plus durable de nos forêts et de nos espaces naturels et ce autrement que par des mots.

Nous devrons être disponibles et réactifs pour les accompagner sur ce chemin du changement, afin qu'ils évitent les écueils qui risquent fort de les ralentir ou de les faire trébucher.

Ne perdons jamais de vue que l'arbre vit avec ses propres racines, alors que l'homme vit avec et dans la société qu'il s'est créée, en abandonnant chaque jour un peu plus les siennes.

En conclusion de cet échange avec les arbres, deux citations sur la forêt que je souhaite porter à votre connaissance ou à votre réflexion !

« Écouter la forêt qui pousse, plutôt que l'arbre qui tombe. »

Friedrich Hegel

« Dans chaque forêt il y a un arbre qui te correspond, pour ne pas le détruire, protège-la ! »

Gilbert Choulet

Merci à vous, mes amis les arbres, pour vos murmures…

REMERCIEMENTS

*Un grand merci à ma famille pour son soutien, sans oublier celles et ceux qui, disparus, m'accompagnent dans mon parcours.

*Une tendre pensée pour mes filles, Mathilde et Lucie, pour mes petits-enfants, Augustine et Paul qui, je l'espère, ne me tiendront pas rigueur de l'état dans lequel ils prendront possession de cette planète.

*Un merci à mes guides et maîtres, en peinture, en arts martiaux, en méditation ou en reiki. Ils auront contribué, chacun dans leur domaine de compétence, à faire de moi ce que je suis.

*Un salut amical et fraternel à mes copains et amis, qui se reconnaîtront.

*Pardon à tous celles et à tous ceux que que j'aurais pu, volontairement ou non, oublier.

*Un clin d'œil à mes détracteurs, que je remercie pour leur contribution indirecte à l'écriture de ce livre !

*Merci à celles et ceux à qui j'ai emprunté des citations, leur nom ayant chaque fois été cité.

*Merci au dictionnaire et à internet !

Remerciements particuliers et appuyés à :

– Francis Hallé, biologiste et dendrologue qui a accepté de m'écrire la préface de cet ouvrage, dont le titre provisoire était *Péril en nos forêts*. Pour cela, je le remercie car son propos accrédite mon récit.

– Marc-André Selosse, professeur au Muséum national d'histoire naturelle, botaniste et mycologue et Jean-François Ponge, enseignant, chercheur, professeur émérite au Muséum national d'histoire naturelle, tous deux auteurs des citations que j'ai empruntées et qui sont extraites de leurs articles écrits pour « Graines de Mane » et « Canopée ».

DU MÊME AUTEUR

1/ *Forestier de l'État, une vocation !*, éditions De Varly, février 2018

2/ Contribution à l'écriture du livre *L'expérience de la forêt*, sous la direction de Romain Bondonneau, Sédiments : les grands cahiers Périgord patrimoines N°9.

Métive

Par ce logo, nous témoignons d'une volonté de réduire les impacts environnementaux liés aux activités de l'imprimerie. Nous choisissons un imprimeur impliqué dans la réduction des gaz à effet de serre. Le choix de nos papiers assure que la production a été faite à partir d'un produit à base de bois et a suivi le cahier des charges d'une gestion durable des forêts européennes. Achevé d'imprimer chez Jelga en Union européenne en février 2021.

Composition : Marine Laurent
Crédit photo : Jean-Claude Nouard

Dépôt légal : premier semestre 2021

éditions La Geste
11, rue Norman-Borlaug
79260 La Crèche
05 49 05 37 22
contact@gesteditions.com